曹永忠、許智誠、蔡英德　著

溫溼度裝置與行動應用開發(智慧家居篇)

A Temperature & Humidity Monitoring Device and Mobile APPs Develop-ment (Smart Home Series)

自序

Ameba RTL8195AM 系列的書是我出版至今五年多，出書量也破一百一十本大關，專為瑞昱科技的 Ameba RTL8195AM 開發板在物聯網教學上的書籍，當初出版電子書是希望能夠在教育界開一門 Maker 自造者相關的課程，沒想到一寫就已過四年，繁簡體加起來的出版數也已也破百本的量，這些書都是我學習當一個 Maker 累積下來的成果。

這本書可以說是我的書另一個里程碑，之前都是以專案為主，以我設計的產品或逆向工程展開的產品重新實作，但是筆者發現，很多學子的程度對一個產品專案開發，仍是心有餘、力不足，所以筆者鑑於如此，回頭再寫基礎感測器系列與程式設計系列，希望透過這些基礎能力的書籍，來培養學子基礎程式開發的能力，等基礎扎穩之後，面對更難的產品開發或物聯網系統開發，有能游刃有餘。

目前許多學子在學習程式設計之時，恐怕最不能了解的問題是，我為何要寫九九乘法表、為何要寫遞迴程式，為何要寫成函式型式…等等疑問，只因為在學校的學子，學習程式是為了可以了解『撰寫程式』的邏輯，並訓練且建立如何運用程式邏輯的能力，解譯現實中面對的問題。然而現實中的問題往往太過於複雜，授課的老師無法有多餘的時間與資源去解釋現實中複雜問題，期望能將現實中複雜問題淬鍊成邏輯上的思路，加以訓練學生其解題思路，但是眾多學子宥於現實問題的困惑，無法單純用純粹的解題思路來進行學習與訓練，反而以現實中的複雜來反駁老師教學太過學理，沒有實務上的應用為由，拒絕深入學習，這樣的情形，反而自己造成了學習上的障礙。

本系列的書籍，針對目前學習上的盲點，希望讀者從感測器元件認識、、使用、應用到產品開發，一步一步漸進學習，並透過程式技巧的模仿學習，來降低系統龐大產生大量程式與複雜程式所需要了解的時間與成本，透過固定需求對應的程式攥寫技巧模仿學習，可以更快學習單晶片開發與 C 語言程式設計，進而有能力開發出原有產品，進而改進、加強、創新其原有產品固有思維與架構。如此一來，因為學子們進行『重新開發產品』過程之中，可以很有把握的了解自己正在進行什麼，對於學習過程之中，透過實務需求導引著開發過程，可以讓學子們讓實務產出與邏輯化思考產生關連，如此可以一掃過去陰霾，更踏實的進行學習。

這四年多以來的經驗分享，逐漸在這群學子身上看到發芽，開始成長，覺得 Maker 的教育方式，極有可能在未來成為教育的主流，相信我每日、每月、每年不斷的努力之下，未來 Maker 的教育、推廣、普及、成熟將指日可待。

最後，請大家可以加入 Maker 的 Open Knowledge 的行列。

曹永忠 於貓咪樂園

自序

記得自己在大學資訊工程系修習電子電路實驗的時候，自己對於設計與製作電路板是一點興趣也沒有，然後又沒有天分，所以那是苦不堪言的一堂課，還好當年有我同組的好同學，努力的照顧我，命令我做這做那，我不會的他就自己做，如此讓我解決了資訊工程學系課程中，我最不擅長的課。

當時資訊工程學系對於設計電子電路課程，大多數都是專攻軟體的學生去修習時，系上的用意應該是要大家軟硬兼修，尤其是在台灣這個大部分是硬體為主的產業環境，但是對於一個軟體設計，但是缺乏硬體專業訓練，或是對於眾多機械機構與機電整合原理不太有概念的人，在理解現代的許多機電整合設計時，學習上都會有很多的困擾與障礙，因為專精於軟體設計的人，不一定能很容易就懂機電控制設計與機電整合。懂得機電控制的人，也不一定知道軟體該如何運作，不同的機電控制或是軟體開發常常都會有不同的解決方法。

除非您很有各方面的天賦，或是在學校巧遇名師教導，否則通常不太容易能在機電控制與機電整合這方面自我學習，進而成為專業人員。

而自從有了 Arduino 這個平台後，上述的困擾就大部分迎刃而解了，因為 Arduino 這個平台讓你可以以不變應萬變，用一致性的平台，來做很多機電控制、機電整合學習，進而將軟體開發整合到機構設計之中，在這個機械、電子、電機、資訊、工程等整合領域，不失為一個很大的福音，尤其在創意掛帥的年代，能夠自己創新想法，從 Original Idea 到產品開發與整合能夠自己獨立完整設計出來，自己就能夠更容易完全了解與掌握核心技術與產業技術，整個開發過程必定可以提供思維上與實務上更多的收穫。

Arduino 平台引進台灣自今，雖然越來越多的書籍出版，但是從設計、開發、製作出一個完整產品並解析產品設計思維，這樣產品開發的書籍仍然鮮見，尤其是能夠從頭到尾，利用範例與理論解釋並重，完完整整的解說如何用 Arduino 設計出一個完整產品，介紹開發過程中，機電控制與軟體整合相關技術與範例，如此的書籍更是付之闕如。永忠、英德兄與敝人計畫撰寫 Maker 系列，就是基於這樣對市場需要的觀察，開發出這樣的書籍。

作者出版了許多的 Arduino 系列的書籍，深深覺的，基礎乃是最根本的實力，所以回到最基礎的地方，希望透過最基本的程式設計教學，來提供眾多的 Makers 在入門 Arduino 時，如何開始，如何攥寫自己的程式，進而介紹不同的週邊模組，主要的目的是希望學子可以學到如何使用這些週邊模組來設計程式，期望在未來產品開發時，可以更得心應手的使用這些週邊模組與感測器，更快將自己的想法實現，希望讀者可以了解與學習到作者寫書的初衷。

許智誠　於中壢雙連坡中央大學 管理學院

自序

隨著資通技術(ICT)的進步與普及，取得資料不僅方便快速，傳播資訊的管道也多樣化與便利。然而，在網路搜尋到的資料卻越來越巨量，如何將在眾多的資料之中篩選出正確的資訊，進而萃取出您要的知識？如何獲得同時具廣度與深度的知識？如何一次就獲得最正確的知識？相信這些都是大家共同思考的問題。

為了解決這些困惱大家的問題，永忠、智誠兄與敝人計畫製作一系列「Maker 系列」書籍來傳遞兼具廣度與深度的軟體開發知識，希望讀者能利用這些書籍迅速掌握正確知識。首先規劃「以一個 Maker 的觀點，找尋所有可用資源並整合相關技術，透過創意與逆向工程的技法進行設計與開發」的系列書籍，運用現有的產品或零件，透過駭入產品的逆向工程的手法，拆解後並重製其控制核心，並使用 Arduino 相關技術進行產品設計與開發等過程，讓電子、機械、電機、控制、軟體、工程進行跨領域的整合。

近年來 Arduino 異軍突起，在許多大學，甚至高中職、國中，甚至許多出社會的工程達人，都以 Arduino 為單晶片控制裝置，整合許多感測器、馬達、動力機構、手機、平板...等，開發出許多具創意的互動產品與數位藝術。由於 Arduino 的簡單、易用、價格合理、資源眾多，許多大專院校及社團都推出相關課程與研習機會來學習與推廣。

以往介紹 ICT 技術的書籍大部份以理論開始、為了深化開發與專業技術，往往忘記這些產品產品開發背後所需要的背景、動機、需求、環境因素等，讓讀者在學習之間，不容易了解當初開發這些產品的原始創意與想法，基於這樣的原因，一般人學起來特別感到吃力與迷惘。

本書為了讀者能夠深入了解產品開發的背景，本系列整合 Maker 自造者的觀念與創意發想，深入產品技術核心，進而開發產品，只要讀者跟著本書一步一步研習與實作，在完成之際，回頭思考，就很容易了解開發產品的整體思維。透過這樣的思路，讀者就可以輕易地轉移學習經驗至其他相關的產品實作上。

所以本書是能夠自修的書，讀完後不僅能依據書本的實作說明準備材料來製作，盡情享受 DIY(Do It Yourself)的樂趣，還能了解其原理並推展至其他應用。有興趣的讀者可再利用書後的參考文獻繼續研讀相關資料。

本書的發行有新的創舉，就是以電子書型式發行，在國家圖書館(http://www.ncl.edu.tw/)、國立公共資訊圖書館 National Library of Public Information(http://www.nlpi.edu.tw/)、台灣雲端圖庫(http://www.ebookservice.tw/)等都可以免費借閱與閱讀，如要購買的讀者也可以到許多電子書網路商城、Google Books 與 Google Play 都可以購買之後下載與閱讀。希望讀者能珍惜機會閱讀及學習，繼續將知識與資訊傳播出去，讓有興趣的眾人都受益。希望這個拋磚引玉的舉動能讓更多人響應與跟進，一起共襄盛舉。

本書可能還有不盡完美之處，非常歡迎您的指教與建議。近期還將推出其他 Arduino 相關應用與實作的書籍，敬請期待。

最後，請您立刻行動翻書閱讀。

蔡英德 於台中沙鹿靜宜大學主顧樓

目 錄

物聯網系列

本書內容主要要教讀者，如何使用 Ameba RTL8195AM 開發板連上溫溼度感測模組，實作一個簡單的溫溼度感測裝置，透過藍芽裝置，連接手機藍芽通訊，實作一個智慧家居中，可以隨時偵測家居中溫溼度狀態，本書主要方向是教讀者開發手機端的應用，並了解如何設計開發終端裝置與手機傳輸的資料的一個可行性範例，並一步一步教讀者如何實作出這樣的系統。

筆者對於 Ameba RTL8195AM 開發板，也算是先驅使用者，更感謝原廠支持筆者寫作，更協助開發更多、有用的函式庫，感謝瑞昱科技的 Yves Hsu、Sean Chang、Teresa Liu，Weiting Yeh 等先進協助，筆者不勝感激，希望筆者可以推出更多的入門書籍給更多想要進入『Ameba RTL8195AM』、『物聯網』這個未來大趨勢，所有才有這個程式教學系列的產生。

CHAPTER

使用智慧行動裝置監控家居溫溼度

智慧家居是物聯網開發中非常重要的一環，筆者在『智慧家庭：健康體重的核心技術』(曹永忠, 許智誠, & 蔡英德, 2015h, 2017c)、『家居生活的好夥伴：讓ARDUINO 照顧您的眼睛』(曹永忠, 許智誠, & 蔡英德, 2015g)、『家居生活的好保全：讓 ARDUINO 替您看顧您的房子』(曹永忠, 許智誠, & 蔡英德, 2015f)、『『物聯網』的生活應用實作：用 DS18B20 溫度感測器偵測天氣溫度』(曹永忠, 許智誠, & 蔡英德, 2015e)…等文章中，我們智慧家居的概念，不過這些文章中，仍是著重在感測器的基礎開發，對於智慧監控等裝置較少著墨。

對於智慧家居環境監控議題中，手機、平板等智慧裝置的應用(曹永忠, 吳佳駿, 許智誠, & 蔡英德, 2016a, 2016b, 2017a, 2017b; 曹永忠, 許智誠, & 蔡英德, 2015c, 2015d, 2016a, 2016b; 曹永忠, 蔡佳軒, 許智誠, & 蔡英德, 2015a, 2015b)，反而是智慧家居非常重要的一環，若能將感測裝置與智慧行動裝置整合，將可以讓智慧家居的開發更加完善。

本文將使用 DHT22 溫溼度感測模組(曹永忠, 2016, 2017a, 2017b; 曹永忠, 許智誠, & 蔡英德, 2016c, 2016d)，讀出溫溼度資訊後，透過藍芽通訊方式，將資訊傳送到智慧行動裝置，透過 MIT APP INVENTOR 2 開發工具，進行智慧行動裝置監控家居溫溼度之物聯網系統整合開發，希望透過這樣簡單的案例，可以傳達筆者在智慧家居環境監控開發上經歷分享。

溫濕度感測器介紹

本實驗為了讓 Ameba RTL8195AM 開發板進階使用，如下圖所示，我們使用了更進階的的 DHT22 溫濕度感測模組來進行專案(曹永忠, 許智誠, et al., 2016c, 2016d)。

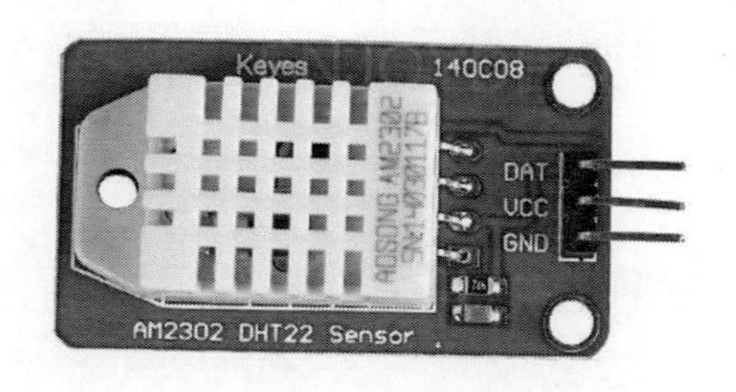

圖 1　DHT22 溫濕度感測模組

如下表所示，只要將本模組 Vcc 接到 Ameba RTL8195AM 開發板+5V 腳位，本模組 Gnd 接到 Ameba RTL8195AM 開發板 Gnd 腳位，本模組 DAT 接到 Ameba RTL8195AM 開發板 Digital Input 腳位 7，完成電路組立。

表 1 DHT22 溫濕度感測模組接腳圖

DHT22 溫濕度感測模組	Ameba RTL8195AM 開發板接腳	解說
DAT	Ameba RTL8195AM digital pin 7	DHT22 資料輸出腳位
5V	5V	5V 陽極接點
GND	Gnd	共地接點

看不懂上面電路組立表的讀者，也可以參考下圖所示，只要將本模組 Vcc 接到 Ameba RTL8195AM 開發板+5V 腳位，本模組 Gnd 接到 Ameba RTL8195AM 開發板 Gnd 腳位，本模組 DAT 接到 Ameba RTL8195AM 開發板 Digital Input 腳位 7，完成電路組立。

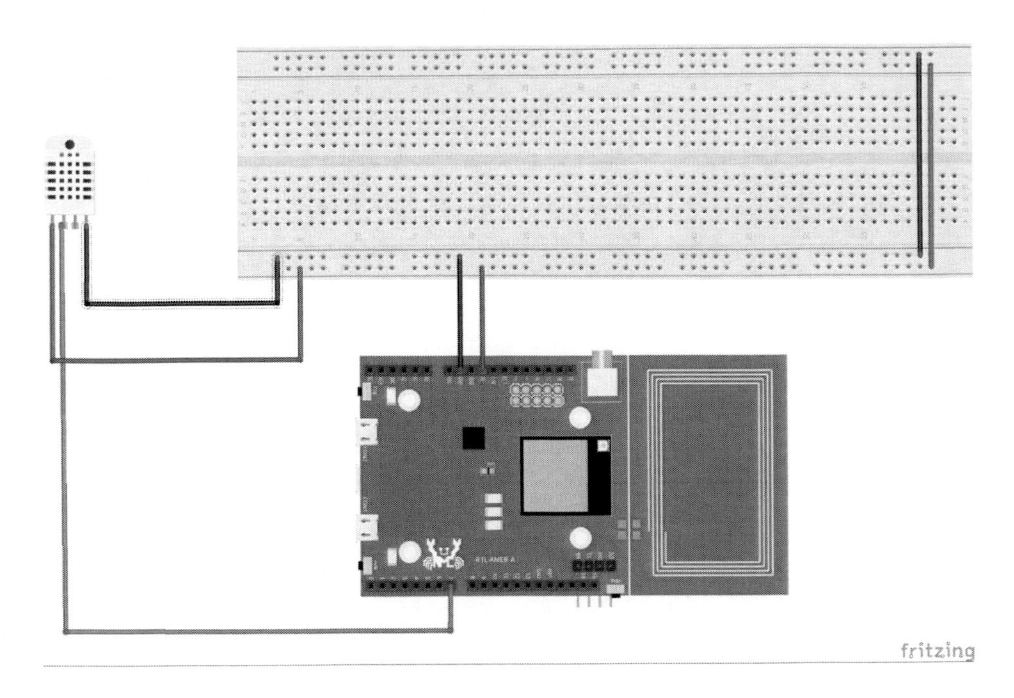

圖 2　DHT22 電路組立圖

如下圖所示，我們可以看到 DHT22 溫濕度感測模組實際接到 Ameba RTL8195AM 開發版之電路實際組立圖。

圖 3　DHT22 電路組立圖

我們將下表之 DHT22 溫濕度感測器讀取溫濕度測試程式攥寫好之後，編譯完成後上傳到 Ameba RTL8195AM 開發板。

表 2 DHT22 溫濕度感測器讀取溫濕度測試程式

DHT22 溫濕度感測器讀取溫濕度測試程式(DHT22)

```
// Example testing sketch for various DHT humidity/temperature sensors
// Written by ladyada, public domain

#include "DHT.h"

#define DHTPIN 6        // what digital pin we're connected to

// Uncomment whatever type you're using!
//#define DHTTYPE DHT11     // DHT 11
#define DHTTYPE DHT22     // DHT 22   (AM2302), AM2321
//#define DHTTYPE DHT21     // DHT 21 (AM2301)

// Connect pin 1 (on the left) of the sensor to +5V
// NOTE: If using a board with 3.3V logic like an Arduino Due connect pin 1
// to 3.3V instead of 5V!
// Connect pin 2 of the sensor to whatever your DHTPIN is
// Connect pin 4 (on the right) of the sensor to GROUND
// Connect a 10K resistor from pin 2 (data) to pin 1 (power) of the sensor

// Initialize DHT sensor.
// Note that older versions of this library took an optional third parameter to
// tweak the timings for faster processors.  This parameter is no longer needed
// as the current DHT reading algorithm adjusts itself to work on faster procs.
DHT dht(DHTPIN, DHTTYPE);

void setup() {
  Serial.begin(9600);
  Serial.println("DHTxx test!");

  dht.begin();
}

void loop() {
  // Wait a few seconds between measurements.
  delay(2000);
```

DHT22 溫濕度感測器讀取溫濕度測試程式(DHT22)

```
  // Reading temperature or humidity takes about 250 milliseconds!
  // Sensor readings may also be up to 2 seconds 'old' (its a very slow sensor)
  float h = dht.readHumidity();
  // Read temperature as Celsius (the default)
  float t = dht.readTemperature();
  // Read temperature as Fahrenheit (isFahrenheit = true)
  float f = dht.readTemperature(true);

  // Check if any reads failed and exit early (to try again).
  if (isnan(h) || isnan(t) || isnan(f)) {
    Serial.println("Failed to read from DHT sensor!");
    return;
  }

  // Compute heat index in Fahrenheit (the default)
  float hif = dht.computeHeatIndex(f, h);
  // Compute heat index in Celsius (isFahreheit = false)
  float hic = dht.computeHeatIndex(t, h, false);

  Serial.print("Humidity: ");
  Serial.print(h);
  Serial.print(" %\t");
  Serial.print("Temperature: ");
  Serial.print(t);
  Serial.print(" *C ");
  Serial.print(f);
  Serial.print(" *F\t");
  Serial.print("Heat index: ");
  Serial.print(hic);
  Serial.print(" *C ");
  Serial.print(hif);
  Serial.println(" *F");
}
```

参程式下載：

https://github.com/brucetsao/Ameba_IOT_Programming2/tree/master/IOT_Code

上述程式執行後，可以見到下圖之 DHT22 溫濕度感測器讀取溫濕度測試程式畫面結果，也可以輕易讀到外界的溫度與濕度了。

```
Humidity: 82.50 %      Temperature: 26.50 *C 79.70 *F  Heat index: 28.83 *C 83.9
Humidity: 82.40 %      Temperature: 26.50 *C 79.70 *F  Heat index: 28.82 *C 83.8
Humidity: 82.30 %      Temperature: 26.50 *C 79.70 *F  Heat index: 28.82 *C 83.8
Humidity: 82.20 %      Temperature: 26.50 *C 79.70 *F  Heat index: 28.81 *C 83.8
Humidity: 82.10 %      Temperature: 26.50 *C 79.70 *F  Heat index: 28.80 *C 83.8
Humidity: 82.30 %      Temperature: 26.50 *C 79.70 *F  Heat index: 28.82 *C 83.8
Humidity: 82.20 %      Temperature: 26.50 *C 79.70 *F  Heat index: 28.81 *C 83.8
Humidity: 82.20 %      Temperature: 26.50 *C 79.70 *F  Heat index: 28.81 *C 83.8
Humidity: 82.30 %      Temperature: 26.50 *C 79.70 *F  Heat index: 28.82 *C 83.8
Humidity: 82.30 %      Temperature: 26.50 *C 79.70 *F  Heat index: 28.82 *C 83.8
Humidity: 82.30 %      Temperature: 26.50 *C 79.70 *F  Heat index: 28.82 *C 83.8
Humidity: 82.20 %      Temperature: 26.50 *C 79.70 *F  Heat index: 28.81 *C 83.8
Humidity: 82.10 %      Temperature: 26.50 *C 79.70 *F  Heat index: 28.80 *C 83.8
Humidity: 82.20 %      Temperature: 26.60 *C 79.88 *F  Heat index: 29.03 *C 84.2
```

圖 4 讀取 DHT22 溫濕度感測器測試程式畫面結果

藍芽模組控制

我們接下來介紹藍芽模組(HC-05/HC-06)，如下圖所示，我們需要用到的硬體有藍芽模組(HC-05/HC-06)：

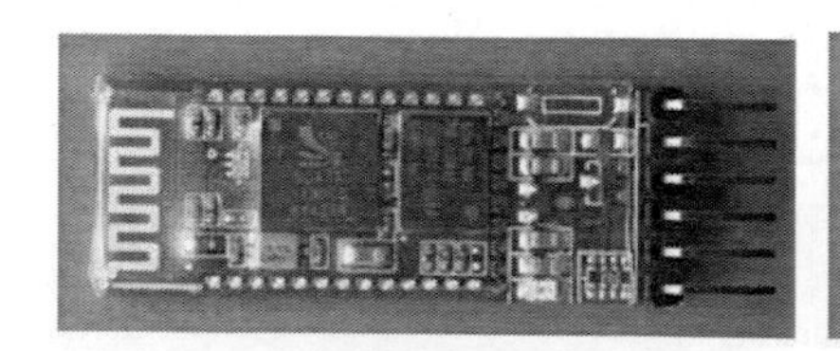

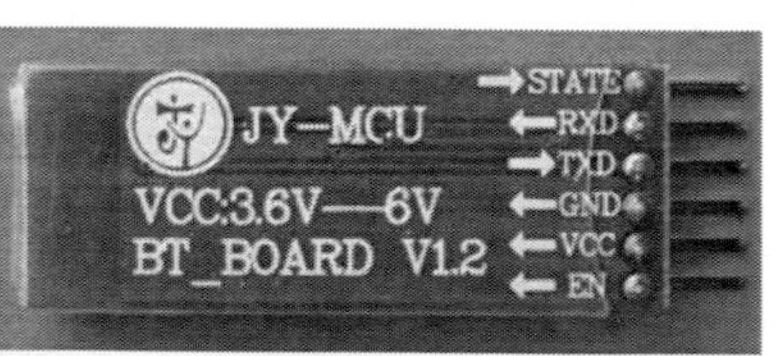

圖 5 藍芽模組(HC-05/HC-06)所需零件表

我們遵從下表來組立電路，來完成電路組立。

表 3 使用手機控制風扇接腳表

藍芽模組(HC-05)	Ameba RTL8195AM 開發版
VCC	+5V
GND	GND
TX	DigitalPin 0
RX	DigitalPin 1
藍芽模組(HC-05/HC-06)	

我們打開 **Ameba RTL8195AM** 開發板的開發工具：Sketch IDE 整合開發軟體，攥寫一段程式，如下表所示之藍芽模組(HC-05/HC-06)測試程式一，並將之編譯後上傳到 Ameba 8195 AM 開發板(曹永忠, 許智誠, & 蔡英德, 2015a, 2015b)。

表 4 8 藍芽模組(HC-05/HC-06)

藍芽模組(HC-05/HC-06) (BT_Talk_Serialk)

```
#include <SoftwareSerial.h>      // 引用程式庫

// 定義連接藍牙模組的序列埠
SoftwareSerial BT(0, 1); // 接收腳, 傳送腳
char val;   // 儲存接收資料的變數

void setup() {
```

```
    Serial.begin(9600);      // 與電腦序列埠連線
    Serial.println("BT is ready!");

    // 設定藍牙模組的連線速率
    // 如果是 HC-05，請改成 9600
    BT.begin(9600);
}

void loop() {

    // 若收到藍牙模組的資料，則送到「序列埠監控視窗」
    if (BT.available()) {
        val = BT.read();
        Serial.print(val);
    }

    // 若收到「序列埠監控視窗」的資料，則送到藍牙模組
    if (Serial.available()) {
        val = Serial.read();
        BT.write(val);
    }
}
```

程式下載網址：

https://github.com/brucetsao/Ameba_IOT_Programming2/tree/master/IOT_Code

如下圖所示，我們執行後，會出現『BT is ready!』後，在畫面中可以接收到藍芽模組收到的資料，並顯示再監控畫面之中。

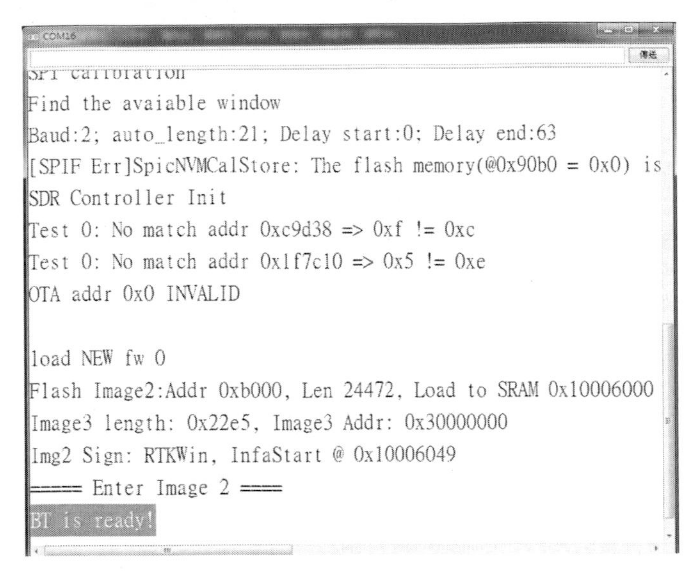

圖 6 Ameba RTL8195AM 通訊監控畫面-監控藍芽通訊內容

如下圖所示，我們執行後，會出現『BT is ready!』後，我們在下圖所示之左上角紅框區輸入區中，輸入文字，輸入完畢後按下下圖所示之右上角紅框區傳送鈕將資料傳出。

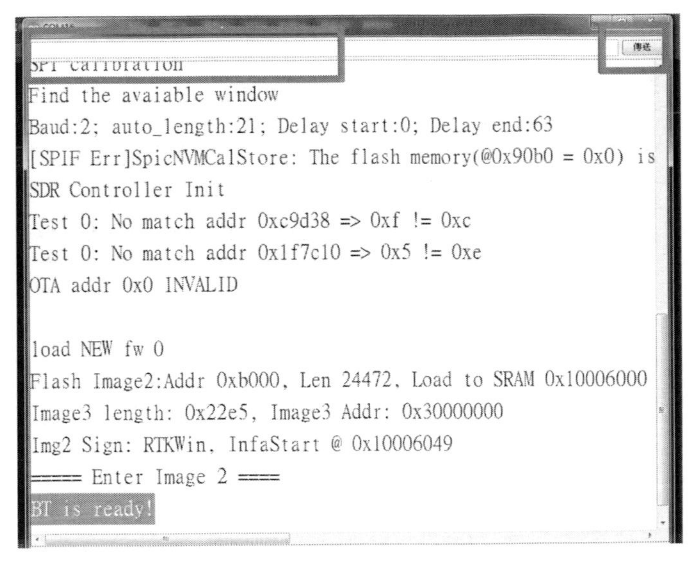

圖 7 通訊監控畫面-輸入送出通訊內容字元輸入區

如下圖所示，我們輸入文字『abcd』，輸入完畢後按下下圖所示之右上角紅框區傳送鈕將資料傳出。

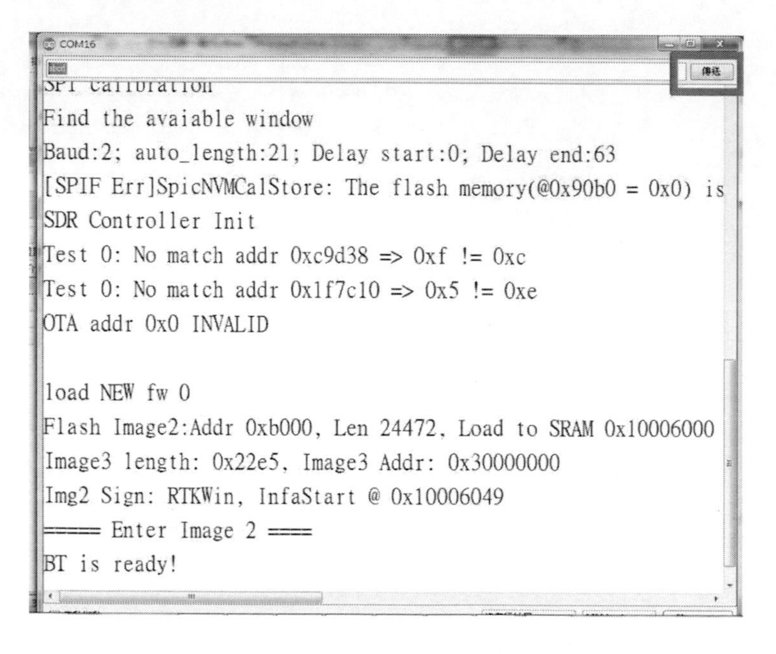

圖 8 通訊監控畫面-送出輸入區內容

如下圖所示，我們在手機端使用 BlueToothRC 應用程式，連接 Ameba 8195AM 所使用的 HC-05 藍芽模組後，進行傳輸作業，我們可以在下圖所示中，看到傳入的『abcd』的文字，可以見到 Ameba 8195AM 所使用的 HC-05 藍芽模組已成功傳送資料。

圖 9 手機端藍芽接收畫面

如下圖所示，我們再手機端使用 BlueToothRC 應用程式，連接 Ameba 8195AM 所使用的 HC-05 藍芽模組後，輸入的『ameba 8195 am』的文字，再按下右上角之傳送鈕，將資料傳出到另一端藍芽模組

。

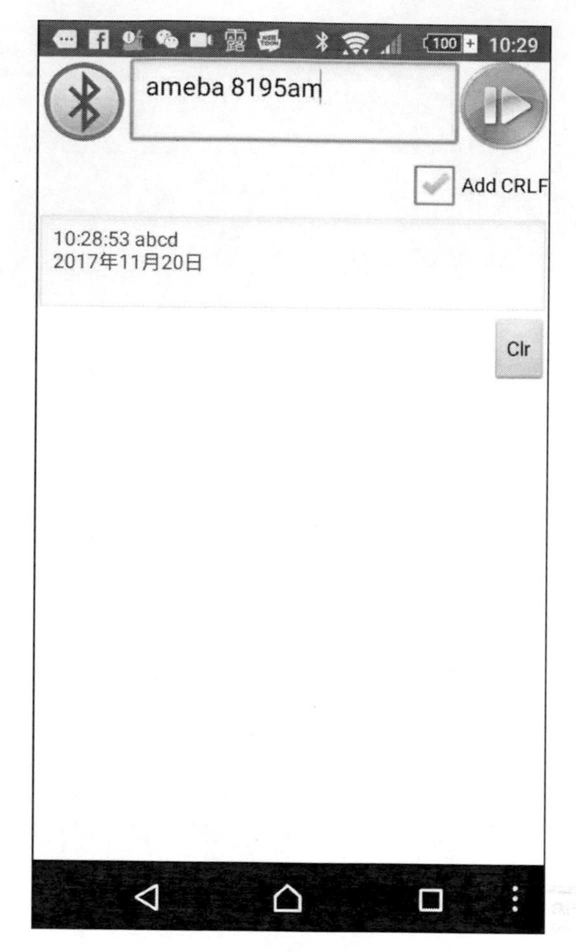

圖 10 手機端藍芽接收畫面

如下圖所示，我們在監控視窗中，將藍芽模組接收的所有資訊，轉顯示在監控視窗上，我們可以看到手機端傳送的『ameba 8195 am』的文字，請注意，本文為了傳送顯示效果，我們共傳送三次，請讀者不要誤會。

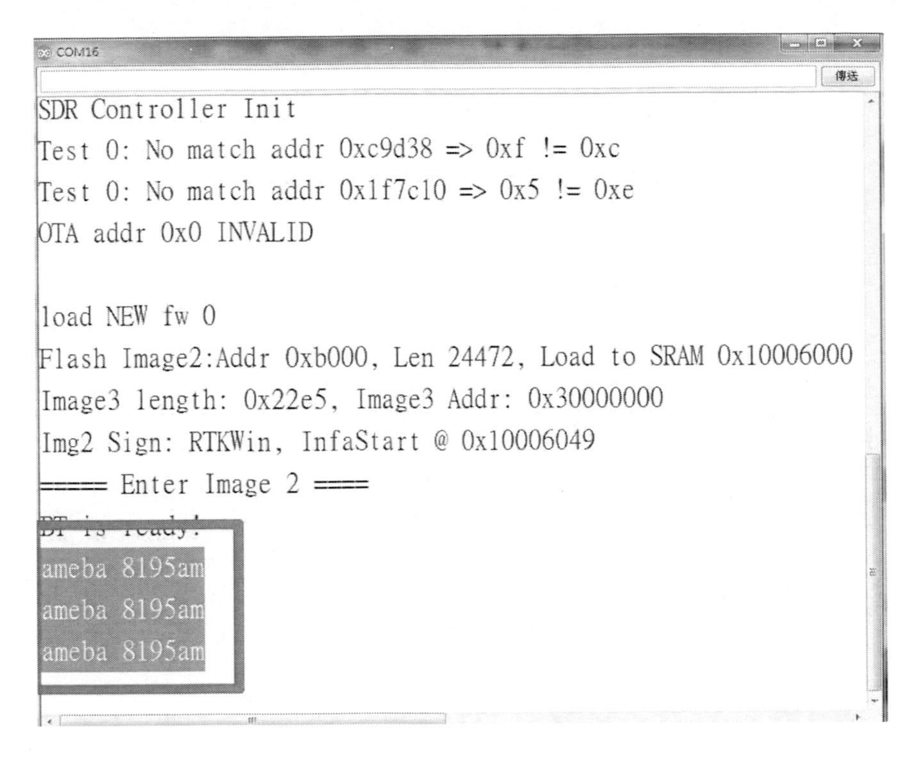

圖 11 通訊監控畫面-取得手機端藍芽傳送資料

最後本文中介紹了如何讀取溫溼度感測模組的資訊,並介紹藍芽模組如何進行通訊的技術，相信讀者看完之後，對傳輸資料的技術，可以有相當程度的運用

章節小結

本章主要介紹使用 Ameba RTL8195AM 開發板連接溫溼度感測器，希望讀者看過之後，可以了解如何讀取溫溼度模組的資料。

2
CHAPTER

通訊功能開發

筆者在『【家居物聯網】使用智慧行動裝置監控家居溫溼度（上篇）』(曹永忠, 許智誠, & 蔡英德, 2017d)文章中，我們先使用 DHT22 溫溼度感測模組(曹永忠, 2016, 2017a, 2017b; 曹永忠, 許智誠, et al., 2016c, 2016d)，讀出溫溼度資訊後，透過藍芽通訊方式，將資訊傳送到連接藍芽模組的另一端裝置，由於最後們要使用 MIT APP INVENTOR 2 開發工具，進行智慧行動裝置監控家居溫溼度之物聯網系統整合開發，所以本文先告知藍芽通訊中，我們要如何將感測器的資料進行編碼傳送，如何在編碼後進行傳送，在進行解碼後，顯示感測資料於行動裝置上。

具藍芽通訊能力之讀取溫濕度感測器裝置

本文了讓 Ameba RTL8195AM 開發板進階使用，使用了更進階的的 DHT22 溫濕度感測模組(如下圖所示)(曹永忠, 許智誠, et al., 2016c, 2016d)，

圖 12　DHT22 溫濕度感測模組

如下表所示，本模組只要將 Vcc 接到 Ameba RTL8195AM 開發板+5V 腳位，Gnd 接到 Ameba RTL8195AM 開發板 Gnd 腳位，DAT 接到 Ameba RTL8195AM 開發板 Digital Input 腳位 7，接下來介紹藍芽模組(HC-05/HC-06)，如下圖所示，我們需要

用到的硬體有藍芽模組(HC-05/HC-06)：

圖 13 藍芽模組(HC-05/HC-06)所需零件表

表 5 整合藍芽模組隻溫濕度感測模組接腳圖

DHT22 溫濕度感測模組	Ameba RTL8195AM 開發板接腳	解說
DAT	Ameba RTL8195AM digital Input pin 7	DHT22 資料輸出腳位
5V	Ameba RTL8195AM 5V	5V 陽極接點
GND	Ameba RTL8195AM Gnd	共地接點

藍芽模組(HC-05)	開發板
VCC	+5V
GND	GND
TX	DigitalPin 0
RX	DigitalPin 1
JY-MCU VCC3.6V—6V BT_BOARD V1.2	

看不懂上面電路組立表的讀者，也可以參考下圖所示，將 Ameba RTL8195AM 開發板連接 DHT22 溫溼度感測模組與藍芽模組(HC-05/HC-06)，完成電路組立。

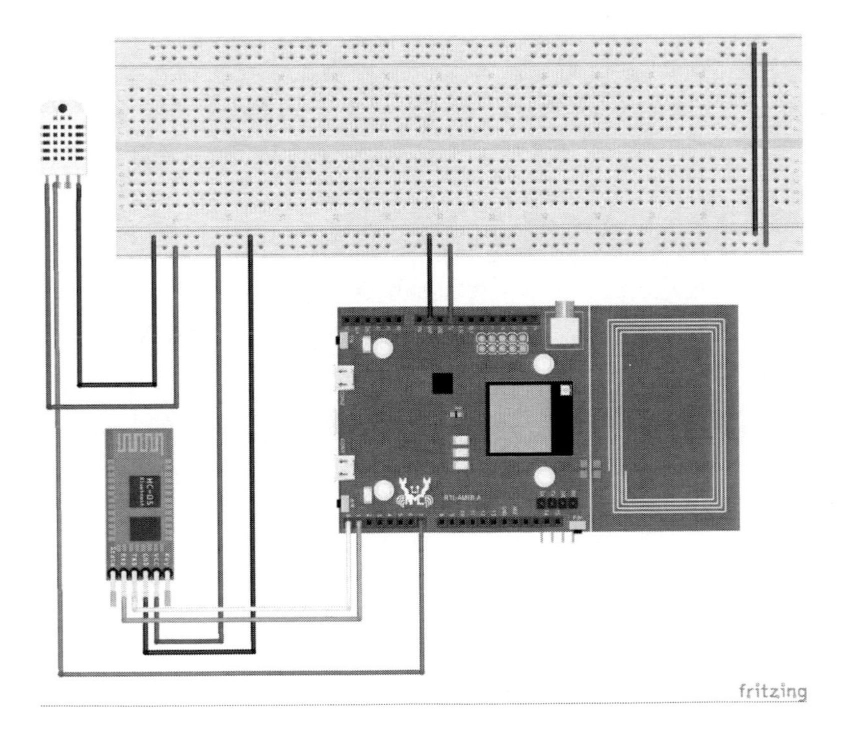

圖 14 整合電路組立圖

我們將下表之具藍芽通訊之溫讀取溫濕度測試程式攥寫好之後，編譯完成後上傳到開發板，

表 6 具藍芽通訊之溫讀取溫濕度測試程式

具藍芽通訊之溫讀取溫濕度測試程式(Phone_ReadDHT22)

```
#include <SoftwareSerial.h>
#include "DHT.h"

#define DHTPIN 7          // what digital pin we're connected to
//#define DHTTYPE DHT11      // DHT 11
#define DHTTYPE DHT22      // DHT 22   (AM2302), AM2321
//#define DHTTYPE DHT21      // DHT 21 (AM2301)
float h,t,f ;

SoftwareSerial mySerial(0, 1); // RX, TX
DHT dht(DHTPIN, DHTTYPE);

unsigned char btchar ;

void setup() {
  // put your setup code here, to run once:
      dht.begin();
    mySerial.begin(9600) ;
    Serial.begin(9600) ;
    Serial.println("BT Start with DHT22") ;

}

void loop() {
  // put your main code here, to run repeatedly:

      if (mySerial.available() > 0)
          {
            btchar = mySerial.read() ;
              if (btchar == '@')
```

具藍芽通訊之溫讀取溫濕度測試程式(Phone_ReadDHT22)

```
                    {
                            btchar = mySerial.read() ;
                             if (btchar == 'H')
                                  {
                                          SendHumidity() ;
                                          return ;
                                  }
                             if (btchar == 'T')
                                  {
                                          SendTemperature() ;
                                          return ;
                                  }

                    }
            }

}
void SendHumidity()
{
        Serial.println("Now send Humidity") ;
        h = dht.readHumidity();
        mySerial.print("#H") ;
        mySerial.print(String((int)h) );
            mySerial.print("*") ;
}

void SendTemperature()
{
            Serial.println("Now send Temperature") ;
            t = dht.readTemperature();
        mySerial.print("#T") ;
        mySerial.print(String((int)t) );
        mySerial.print("*") ;
}
```

程式下載網址：

https://github.com/brucetsao/Ameba_IOT_Programming2/tree/master/IOT_Code

上述程式執行後，可以見到下圖所示之具藍芽通訊之溫讀取溫濕度測試程式畫面結果，系統正準備接收命令來傳送感測器讀到外界的溫度與濕度了。

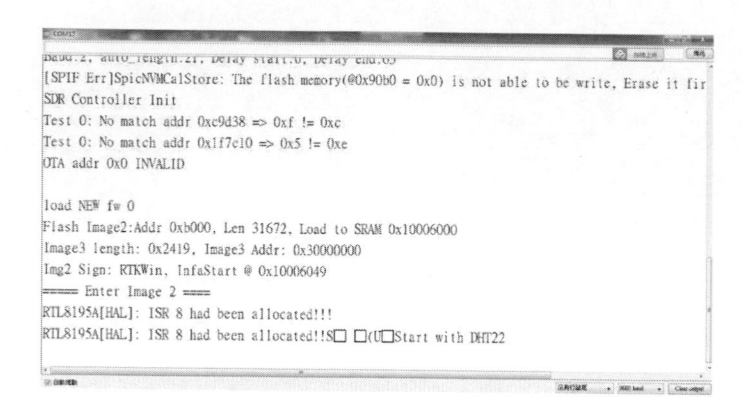

圖 15 具藍芽通訊之溫讀取溫濕度測試程式畫面結果

手機安裝藍芽裝置

如下圖所示，一般手機、平板的主畫面或程式集中可以選到『設定：Setup』。

圖 16 手機主畫面

如下圖所示，點入『設定：Setup』之後，可以到『設定：Setup』的主畫面，，如您的手機、平板的藍芽裝置未打開，請將藍芽裝置開啟。

圖 17 設定主畫面

如下圖所示，開啟藍芽裝置之後，可以看到目前可以使用的藍芽裝置。

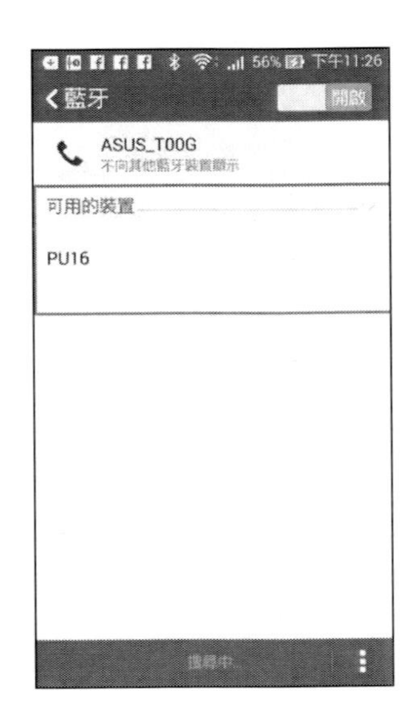

圖 18 目前已連接藍芽畫面

如下圖所示，我們要將我們要新增的藍芽裝置加入手機、平板之中， 請點選下圖紅框處：搜尋裝置，方能增加新的藍芽裝置。

圖 19 搜尋藍芽裝置

如下圖所示，當我們要找到新的藍芽裝置，點選它之後，會出現下圖畫面，要求使用者輸入配對的 Pin 碼，一般為『0000』或『1234』。

圖 20 第一次配對-要求輸入配對碼

如下圖所示，我們可以輸入配對的 Pin 碼，一般為『0000』或『1234』，來完成配對的要求。

圖 21 藍芽要求配對

如下圖所示，我們可以輸入配對的 Pin 碼，一般為『0000』或『1234』，來完成配對的要求，本文例子為『1234』。

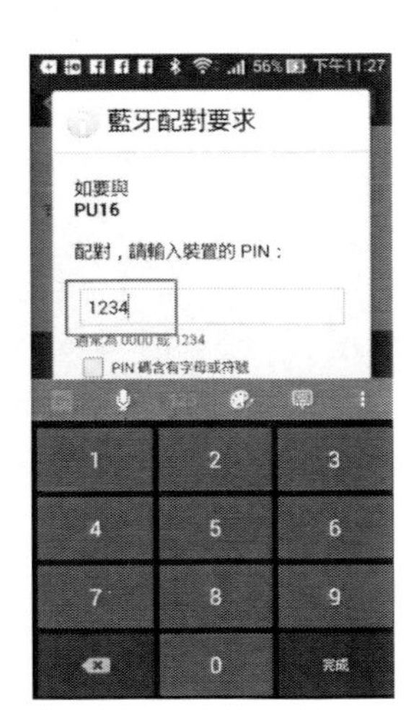

圖 22 輸入配對密碼(1234)

如下圖所示，如果輸入配對的 Pin 碼正確無誤，則會完成配對，該藍芽裝置會加入手機、平板的藍芽裝置清單之中。

圖 23 完成配對後-出現在已配對區

如下圖所示，完成後，手機、平板會顯示已完成配對的藍芽裝置清單。

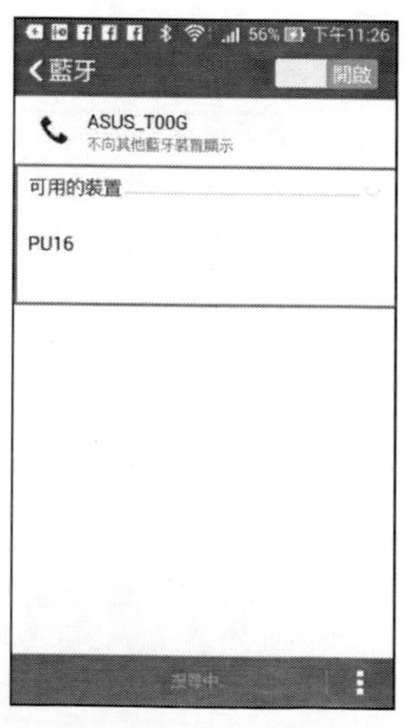

圖 24 目前已連接藍芽畫面

如下圖所示，完成配對的藍芽裝置後，我們可以用回上頁回到設定主畫面，完成新增藍芽裝置的配對。

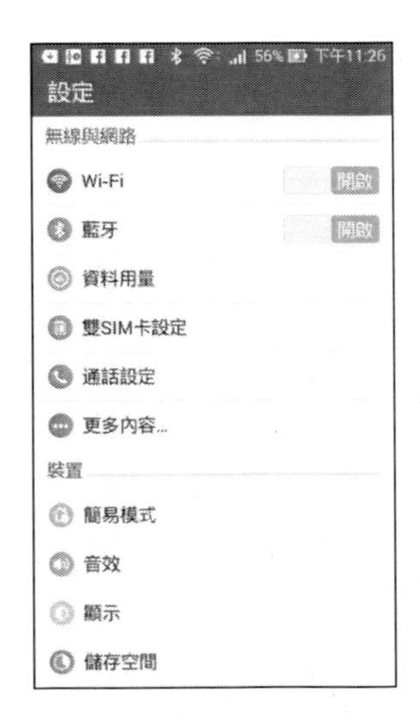

圖 25 完成藍芽配對等完成畫面

安裝 Bluetooth RC APPs 應用程式

本文再測試開發板連接藍芽裝置，為了測試這些程式是否傳輸、接收命令是否正確，我們會先行安裝市面穩定的藍芽通訊 APPs 應用程式。

本文使用 Fadjar Hamidi F 公司攥寫的『Bluetooth RC』，其網址：https://play.google.com/store/apps/details?id=appinventor.ai_test.BluetoothRC&hl=zh_TW，讀者可以到該網址下載之。

本章節主要是介紹讀者如何安裝 Fadjar Hamidi F 公司攥寫的『Bluetooth RC』。

如下圖所示，在手機主畫面進入 play 商店。

圖 26 手機主畫面進入 play 商店

如下圖所示，下圖為 play 商店主畫面。

圖 27 Play 商店主畫面

如下圖紅框處所示，我們在Google Play 商店主畫面 - 按下查詢鈕。

圖 28 Play 商店主畫面 - 按下查詢鈕

如下圖紅框處所示，我們在輸入『Bluetooth RC』查詢該 APPs 應用程式。

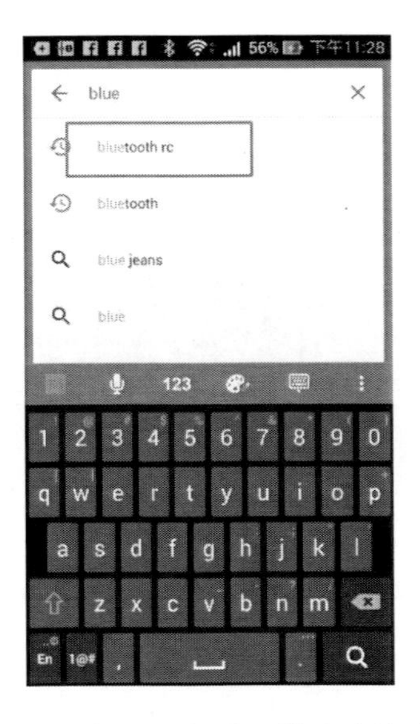

圖 29 Play 商店主畫面 - 輸入查詢文字

如下圖紅框處所示，我們在輸入『Bluetooth RC』查詢，找到 BluetoothRC 應用程式。

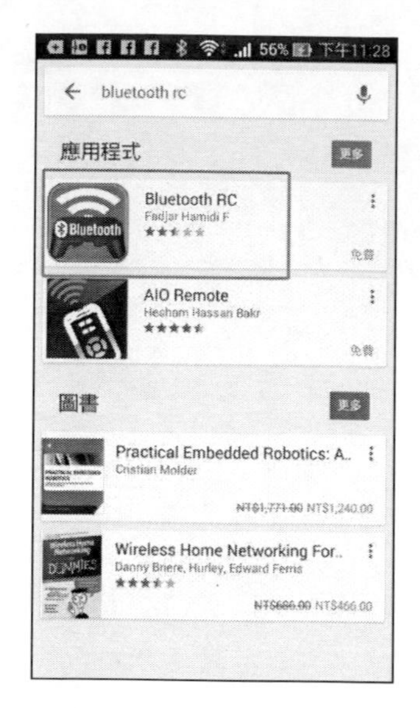

圖 30 找到 BluetoothRC 應用程式

如下圖紅框處所示，找到 BluetoothRC 應用程式 -點下安裝。

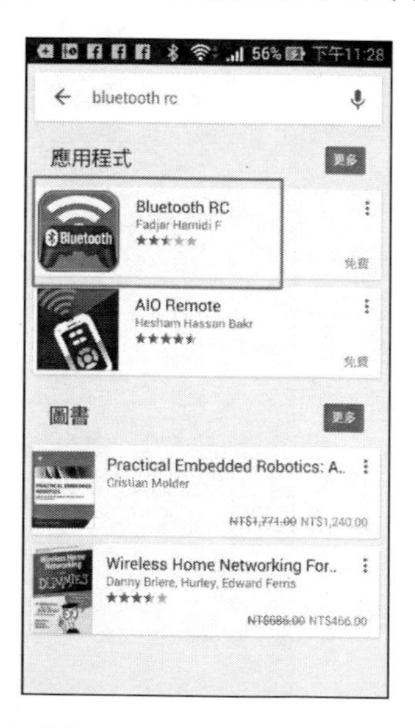

圖 31 找到 BluetoothRC 應用程式 -點下安裝

如下圖紅框處所示，點下『接受』，進行安裝。

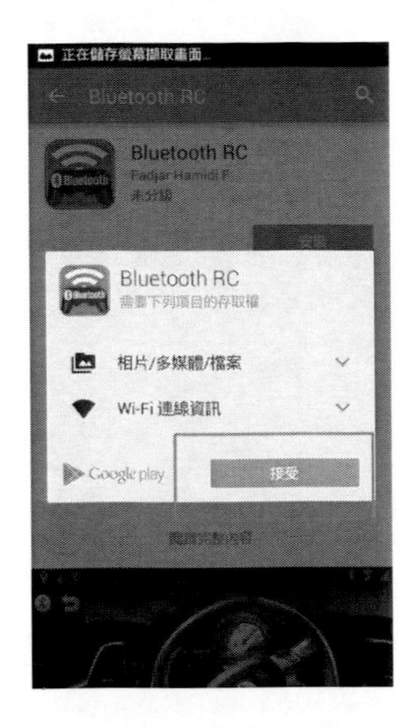

圖 32 BluetoothRC 應用程式安裝主畫面要求授權

如下圖所示，BluetoothRC 應用程式安裝中。

圖 33 BluetoothRC 應用程式安裝中

如下圖所示，**BluetoothRC** 應用程式安裝中。

圖 34 BluetoothRC 應用程式安裝中二

如下圖所示，BluetoothRC 應用程式安裝完成。

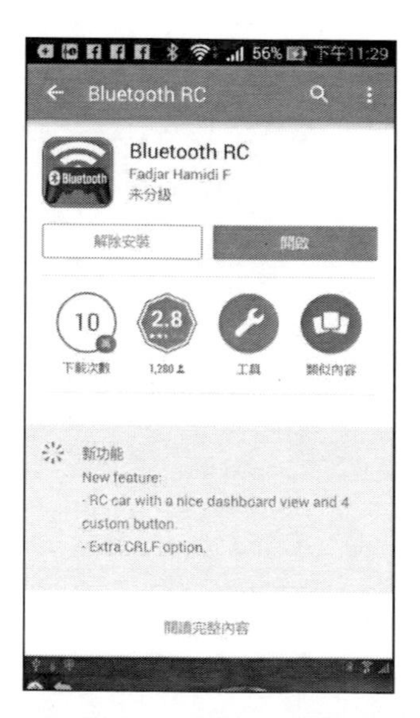

圖 35 BluetoothRC 應用程式安裝完成

如下圖紅框處所示，我們可以點選『開啟』來執行 BluetoothRC 應用程式。

圖 36 BluetoothRC 應用程式安裝完成後執行

如下圖所示，安裝好 BluetoothRC 應用程式之後，一般說來手機、平板的桌面或程式集中會出現『BluetoothRC』的圖示。

圖 37 BluetoothRC 應用程式安裝完成後的桌面

BluetoothRC 應用程式通訊測試

一般而言，如下圖所示，我們安裝好 BluetoothRC 應用程式之後，手機、平板的桌面或程式集中會出現『BluetoothRC』的圖示。

圖 38 桌面的 BluetoothRC 應用程式

如下圖所示，我們點選手機、平板的桌面或程式集中『BluetoothRC』的圖示，進入 BluetoothRC 應用程式。

圖 39 執行 BluetoothRC 應用程式

如下圖所示，為 BluetoothRC 應用程式進入系統的抬頭畫面。

圖 40 BluetoothRC init 應用程式執行中

如下圖所示，為 BluetoothRC 應用程式主畫面。

圖 41 BluetoothRC 應用程式執行主畫面

如下圖紅框處所示，首先，我們要為 BluetoothRC 應用程式選定工作使用的藍牙裝置，讀者要注意，系統必須要開啟藍牙裝置，且已將要連線的藍牙裝置配對完成後，並已經在手機、平板的藍牙已配對清單中，方能被選到。

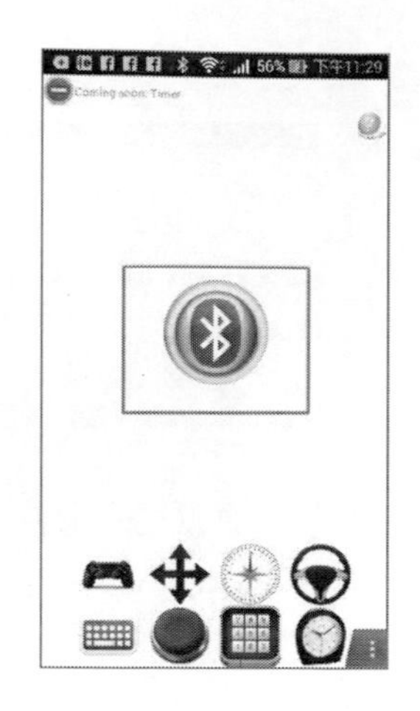

圖 42 BluetoothRC 應用程式執行主畫面 - 選取藍芽裝置

如下圖所示，我們要可以選擇已經在手機、平板已配對清單中的藍芽，選定為 BluetoothRC 應用程式工作使用的藍芽裝置。

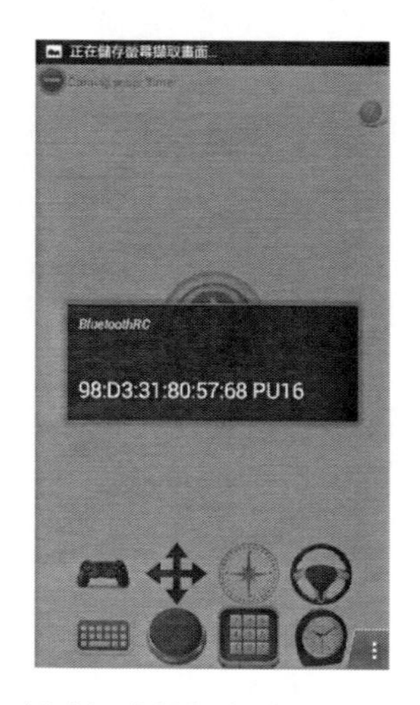

圖 43 BluetoothRC 應用程式執行主畫面 - 已配對藍芽裝置列表

如下圖紅框處所示，我們要可以選擇已經在手機、平板已配對清單中的藍芽，進行 BluetoothRC 應用程式工作使用。

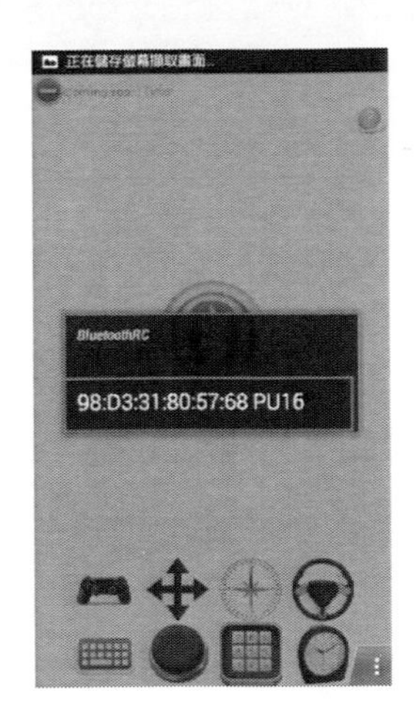

圖 44 BluetoothRC 應用程式執行主畫面 - 選取配對藍芽裝置

如下圖紅框處所示，系統會出現目前 BluetoothRC 應用程式工作使用藍芽裝置之 MAC。

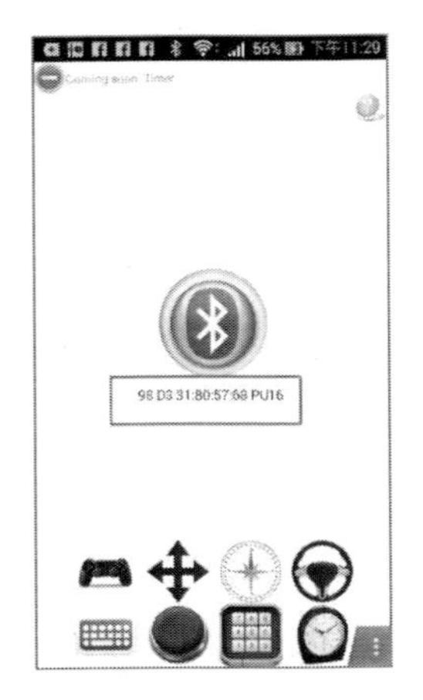

圖 45 BluetoothRC 應用程式執行主畫面 - 完成選取藍芽裝置

如下圖紅框處所示，點選 BluetoothRC 應用程式執行主畫面紅框處 - 啟動文字通訊功能。

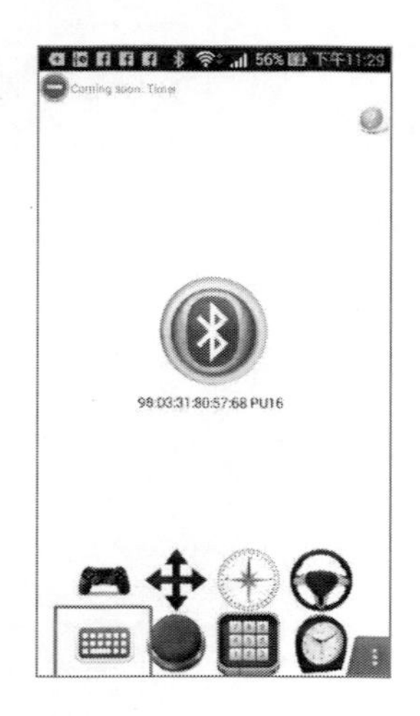

圖 46 BluetoothRC 應用程式執行主畫面 - 啟動文字通訊功能

如下圖所示，為 BluetoothRC 文字通訊功能主畫面。

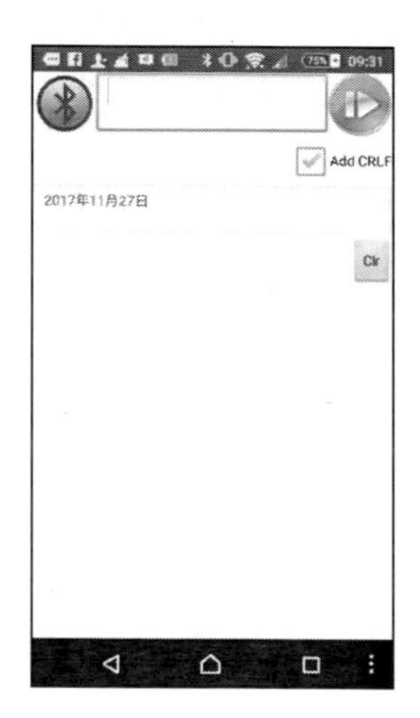

圖 47 BluetoothRC 文字通訊功能主畫面

如下圖紅框處所示，啟動藍芽通訊。

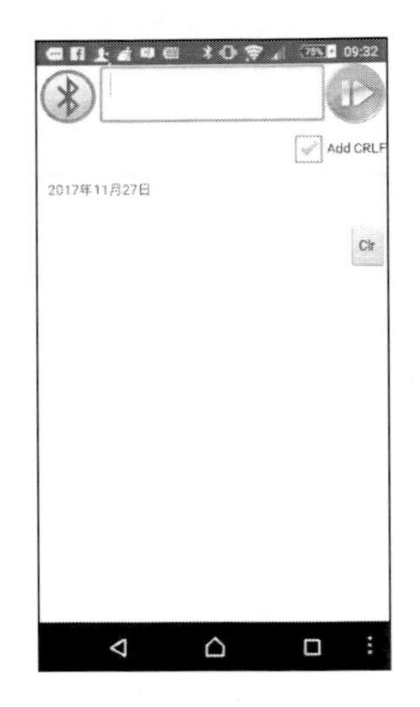

圖 48 BluetoothRC 文字通訊功能主畫面 -完成 開啟藍芽通訊

傳輸溫度命令說明

由於透過藍芽通訊方式來傳輸感測資料，由於無線傳輸中，傳送與接收不一定可以達到同步與序列通訊，所以我們用 REQUEST & RESPONSE 方式來通訊。

所以我們使用了『@』這個指令，來當作所有的資料開頭，接下來傳送要求哪一個感測器的資料(曹永忠, 吳佳駿, et al., 2016a, 2016b; 曹永忠, 吳佳駿, 許智誠, & 蔡英德, 2017c, 2017d; 曹永忠, 許智誠, & 蔡英德, 2017a, 2017b)。

我們定義傳輸溫度使用『T』代表要求傳輸溫度，而回傳資訊使用『#』這個指令代表接收到的感測資料，而依樣使用『T』代表要傳輸溫度，之後傳輸 ASCII 型態的數字資料後，使用『*』代表結束傳輸資料。

如下圖所示，我們輸入

```
@T
```

如下圖所示，我們在 Bluetooth RC 應用程式，在 Send 內容輸入其值：

圖 49 輸入@T

如下圖所示，程式收到傳送溫度的要求後，會進行傳送溫度感測器資料的訊息，並且回傳送溫度資訊：

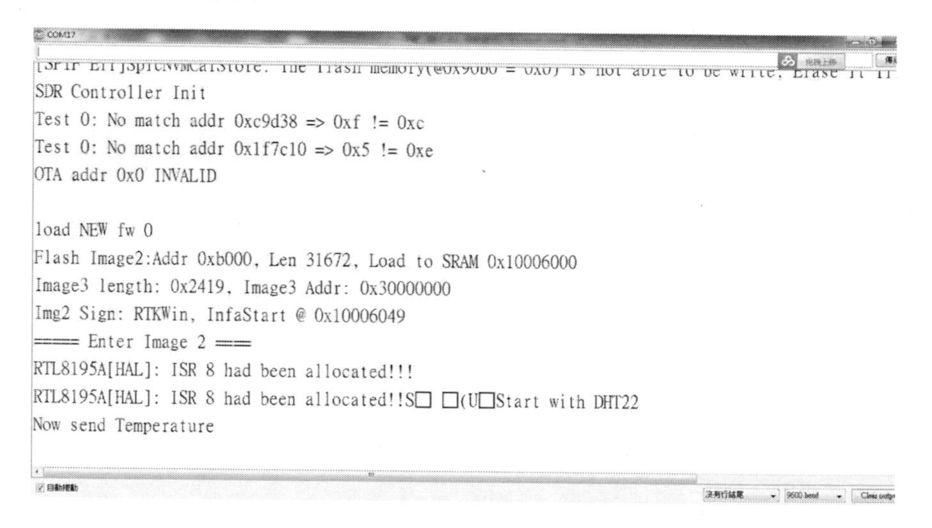

圖 50 輸入@T 結果畫面

如下圖所示，在藍芽接收端(BluetoothRC)程式收到傳送溫度的資料，會接收到『#T24*』的溫度資料的訊息，並且回應在畫面上。

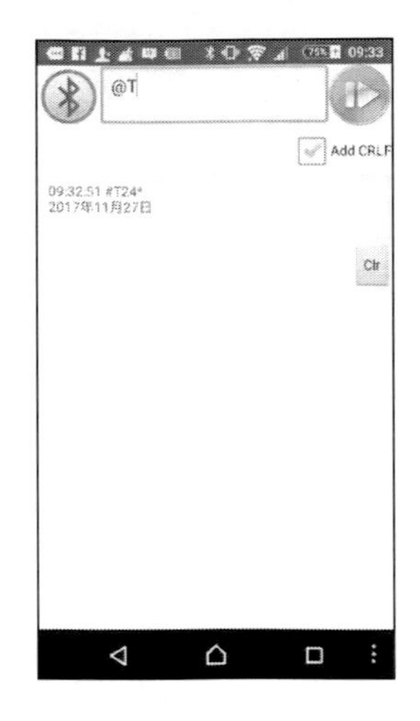

圖 51 藍芽裝置接收溫度資訊畫面

傳輸濕度命令說明

由於透過藍芽通訊方式來傳輸感測資料，由於無線傳輸中，傳送與接收不一定可以達到同步與序列通訊，所以我們用 REQUEST & RESPONSE 方式來通訊。

所以我們使用了『@』這個指令，來當作所有的資料開頭，接下來傳送要求哪一個感測器的資料(曹永忠, 吳佳駿, et al., 2016a, 2016b, 2017c, 2017d; 曹永忠, 許智誠, et al., 2017a, 2017b)。

我們定義傳輸溫度使用『H』代表要求傳輸溫度，而回傳資訊使用『#』這個指令代表接收到的感測資料，而依樣使用『H』代表要傳輸溫度，之後傳輸 ASCII 型態的數字資料後，使用『*』代表結束傳輸資料。

如下圖所示，我們輸入

```
@H
```

如下圖所示，我們在 Bluetooth RC 應用程式，在 Send 內容輸入其值：

圖 52 輸入@H

如下圖所示，程式收到傳送溫度的要求後，會進行傳送溫度感測器資料的訊息，並且回傳送溫度資訊：

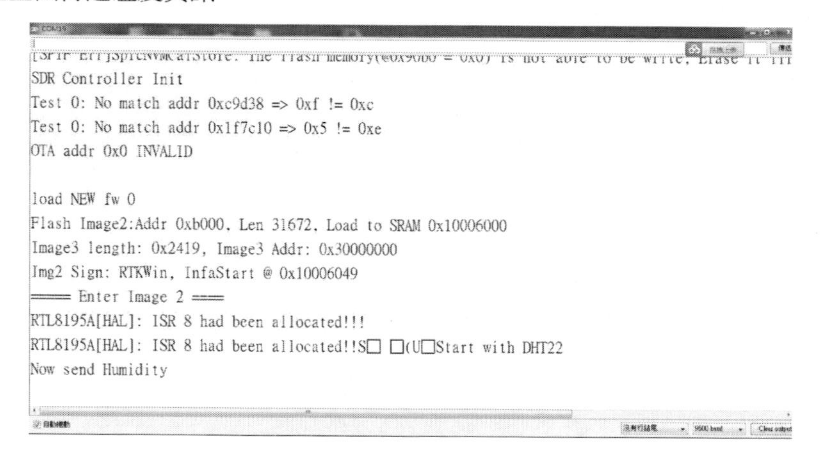

圖 53 輸入@H 結果畫面

如下圖所示，在藍芽接收端(BluetoothRC)程式收到傳送溫度的資料，會接收到『#H24*』的溫度資料的訊息，並且回應在畫面上。

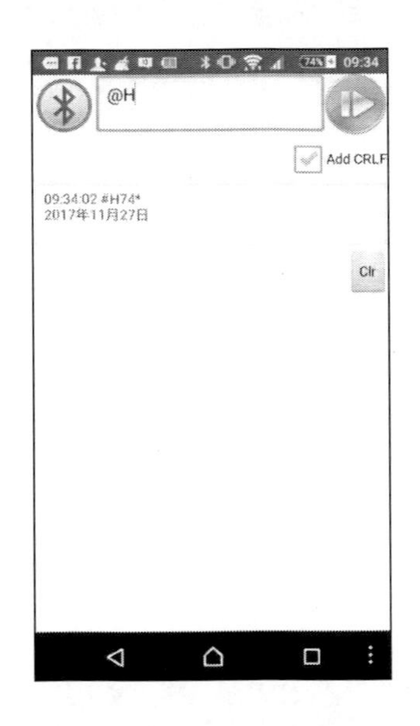

圖 54 藍芽裝置接收濕度資訊畫面

最後本文中介紹了如何讀取溫溼度感測模組的資訊，並介紹藍芽模組如何進行通訊的技術，相信讀者看完之後，對傳輸資料的技術，可以有相當程度的運用能力。

章節小結

本章主要介紹 Ameba RTL8195AM 開發板，連接溫濕度感測模組，並使用藍芽模組，與手機的藍芽裝置連接後，透過 REQUEST & RESPONSE 方式來通訊，傳輸溫濕度資料到手機上。

3
CHAPTER

智慧行動裝置開發-APP Inventor 篇

本文我們要使用 MIT APP INVENTOR 2 開發工具，進行智慧行動裝置監控家居溫溼度之物聯網系統開發，所以本文要先介紹 MIT APP INVENTOR 2 開發工具的基本介紹，並了解如何設計藍芽通訊功能的手機應用程式。

安裝 MIT　App Inventor 2 Companion 應用程式

本文介紹安裝 MIT　App Inventor 2 Companion 應用程式，為了能夠測試 APP Inventor 2 開發工具，在開發階段可以進行程式測試等能力，我們必須 MIT　App Inventor 2 Companion 應用程式。

本文使用 MIT 攥寫的『MIT　App Inventor 2 Companion』，其網址：https://play.google.com/store/apps/details?id=edu.mit.appinventor.aicompanion3，讀者可以到該網址下載之。

本章節主要是介紹讀者如何安裝 MIT　App Inventor 2 Companion，如下圖所示，在手機主畫面進入 play 商店。

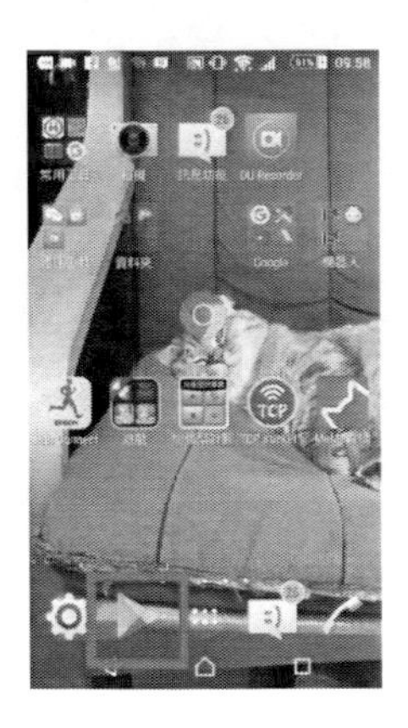

圖 55 手機主畫面進入 play 商店

如下圖所示，下圖為 play 商店主畫面。

圖 56　Play 商店主畫面

如下圖紅框處所示，進入 Google Play 商店查詢區。

圖 57 Play 商店主畫面-查詢區

如下圖紅框處所示，我們在輸入『App　inventor』查詢該 APPs 應用程式。

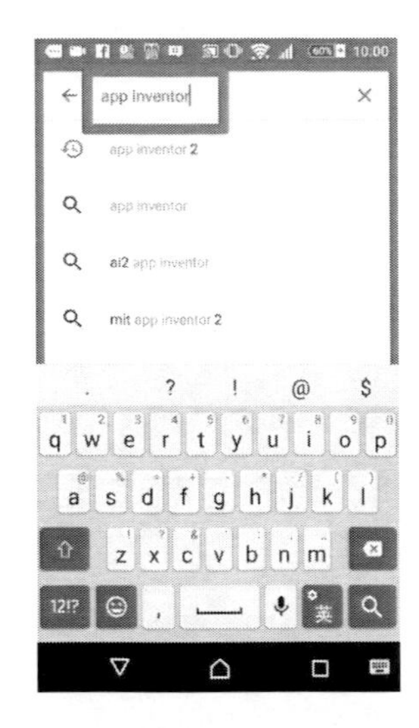

圖 58 Play 商店主畫面 - 輸入查詢文字

如下圖紅框處所示，我們在輸入『App inventor』查詢，找到 MIT App Inventor 2 Companion 應用程式，也可以在網址：

https://play.google.com/store/apps/details?id=edu.mit.appinventor.aicompanion3&hl=zh_TW，找到這個應用程式。

圖 59 找到 App Inventor 2 Companion 應用程式

在找到的 App Inventor 2 Companion 應用程式，如下圖紅框處所示，點下安裝。

圖 60 點下安裝

如下圖紅框處所示，點下『接受』，進行安裝。

圖 61 App Inventor 2 Companion 應用程式安裝主畫面要求授權

如下圖所示，App Inventor 2 Companion 應用程式安裝中。

圖 62 App Inventor 2 Companion 應用程式安裝中

如下圖所示，App Inventor 2 Companion 應用程式安裝完成。

圖 63 App Inventor 2 Companion 應用程式安裝完成

如下圖紅框處所示，我們可以點選『開啟』來執行 App Inventor 2 Companion 應用程式。

圖 64 App Inventor 2 Companion 應用程式安裝完成後執行

如下圖所示，安裝好 App Inventor 2 Companion 應用程式之後，一般說來手機、平板的桌面或程式集中會出現『MIT AI2 Companion』的圖示。

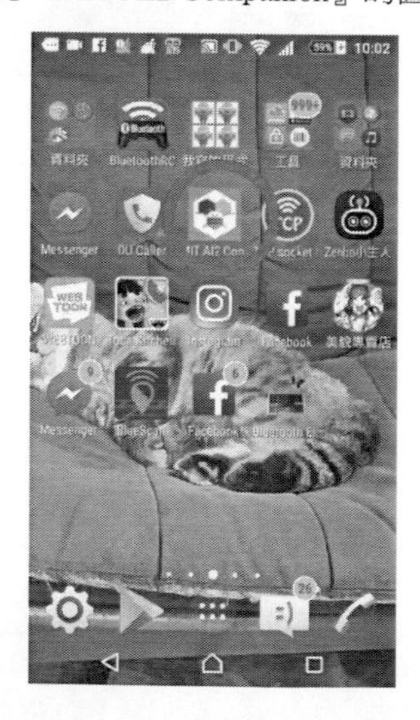

圖 65 App Inventor 2 Companion 應用程式安裝完成後的桌面

安裝 Chrome 瀏覽器程式

由於我們使用 App Inventor 2 程式後，都必需先使用 Chrome 瀏覽器，一般而言，安裝 Chrome 瀏覽器的作業系統，如下圖所示，可以在桌面找到 Chrome 瀏覽器。

圖 66 桌面找到 Chrome 瀏覽器

如果讀者沒有安裝 Chrome 瀏覽器，如下圖所示，我們先使用任何的瀏覽器，開啟任何的瀏覽器後，到 Google Search(網址：https://www.google.com.tw/)，輸入『Chrome』。

圖 67 瀏覽器搜尋 Chrome 瀏覽器

如下圖紅框處所示，我們找到 Chrome 瀏覽器。

圖 68 找到 Chrome 瀏覽器

如上圖紅框處所示，我們進入 Chrome 瀏覽器官網（網址：https://www.google.com.tw/chrome/browser/desktop/index.html）。

圖 69 Chrome 瀏覽器官網

如下圖紅框處所示，我們點選下載，下載 Chrome 瀏覽器，並完成安裝。

圖 70 下載 Chrome 瀏覽器

手機安裝藍芽裝置

如下圖所示，一般手機、平板的主畫面或程式集中可以選到『設定：Setup』。

圖 71 手機主畫面

如下圖所示，點入『設定：Setup』之後，可以到『設定：Setup』的主畫面，，如您的手機、平板的藍芽裝置未打開，請將藍芽裝置開啟。

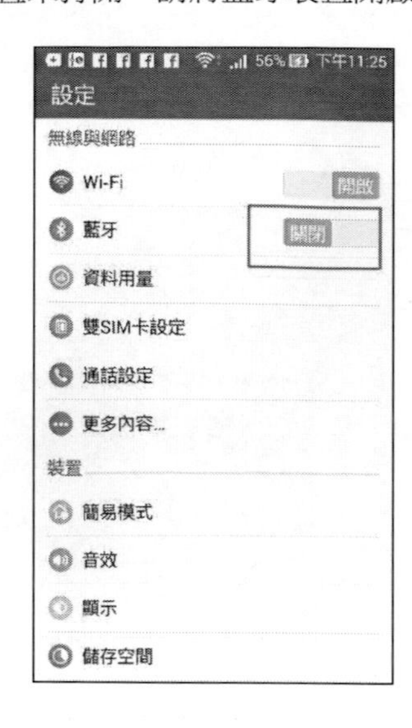

圖 72 設定主畫面

如下圖所示，開啟藍芽裝置之後，可以看到目前可以使用的藍芽裝置。

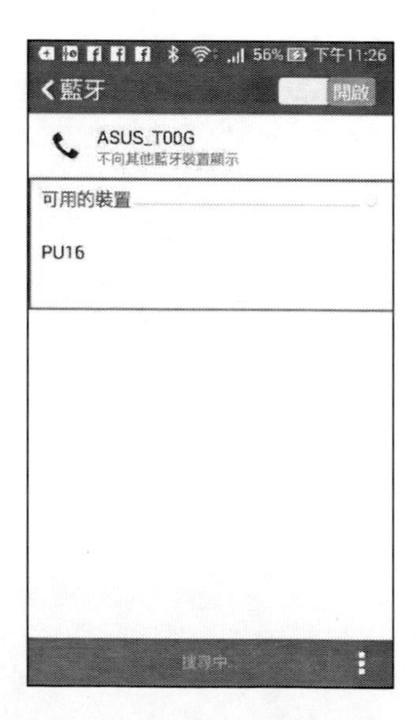

圖 73 目前已連接藍芽畫面

如下圖所示，我們要將我們要新增的藍牙裝置加入手機、平板之中， 請點選下圖紅框處：搜尋裝置，方能增加新的藍牙裝置。

圖 74 搜尋藍牙裝置

如下圖所示，當我們要找到新的藍牙裝置，點選它之後，會出現下圖畫面，要求使用者輸入配對的 Pin 碼，一般為『0000』或『1234』。

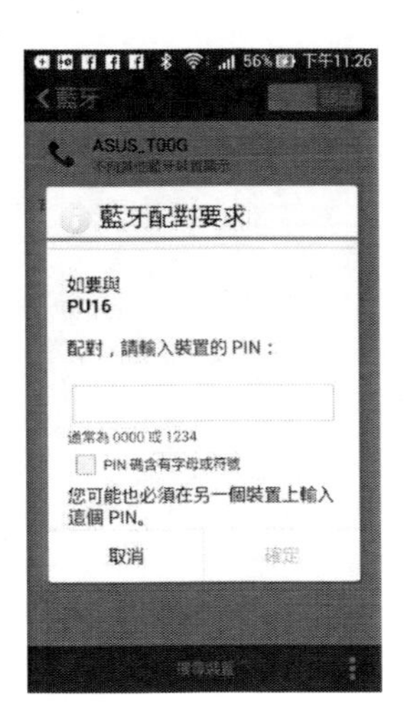

圖 75 第一次配對-要求輸入配對碼

如下圖所示，我們可以輸入配對的 Pin 碼，一般為『0000』或『1234』，來完成配對的要求。

圖 76 藍芽要求配對

如下圖所示，我們可以輸入配對的 Pin 碼，一般為『0000』或『1234』，來完成配對的要求，本文例子為『1234』。

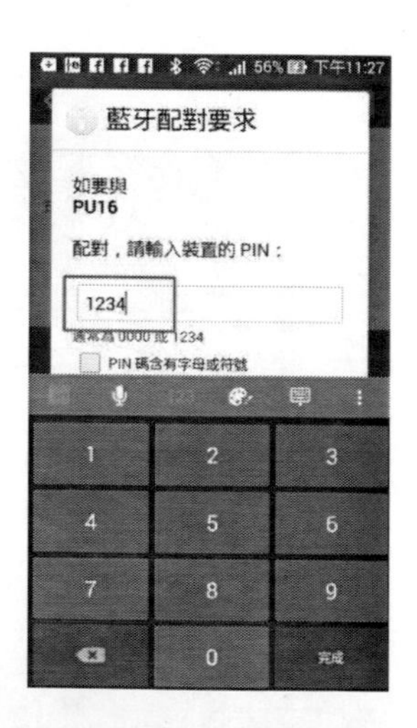

圖 77 輸入配對密碼(1234)

如下圖所示，如果輸入配對的 Pin 碼正確無誤，則會完成配對，該藍芽裝置會加入手機、平板的藍芽裝置清單之中。

圖 78 完成配對後-出現在已配對區

如下圖所示，完成後，手機、平板會顯示已完成配對的藍芽裝置清單。

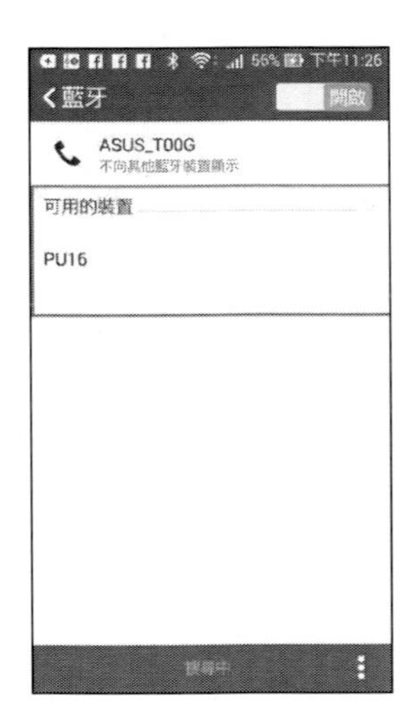

圖 79 目前已連接藍芽畫面

如下圖所示，完成配對的藍芽裝置後，我們可以用回上頁回到設定主畫面，完成新增藍芽裝置的配對。

圖 80 完成藍芽配對等完成畫面

如何執行 AppInventor 程式

如下圖所示，我們使用 Chrome 瀏覽器，開啟瀏覽器後，到 Google Search(網址：https://www.google.com.tw/)，輸入『App Inventor 2』。

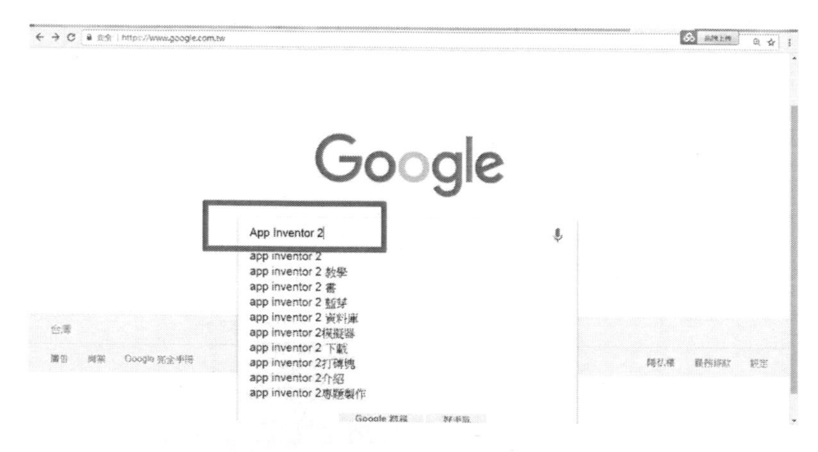

圖 81 搜尋 App_Inventor_2

如下圖紅框處所示，我們找到 App Inventor 2。

圖 82 找到 App Inventor 2

如下圖紅框處所示，我們點選 App Inventor 2，進入 App Inventor 2。

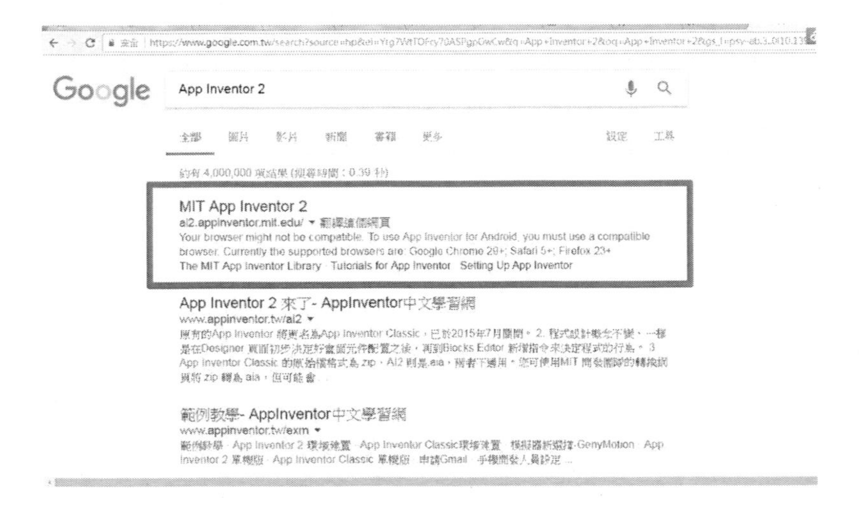

圖 83 點選 App Inventor 2

由於我們使用 App Inventor 2 程式後，都必需先使用 Android 作業系統的手機或平板進行測試程式，所以本節專門介紹如何在手機、平板上測試 APPs 的程式。

首先，如下圖所示，我們在 App Inventor 2 程式模塊編輯畫面之中，在『Connect』的選單下，選取 AICompanion(曹永忠, 吳佳駿, et al., 2016a, 2016b; 曹永忠, 許智誠,

et al., 2017a, 2017b)。

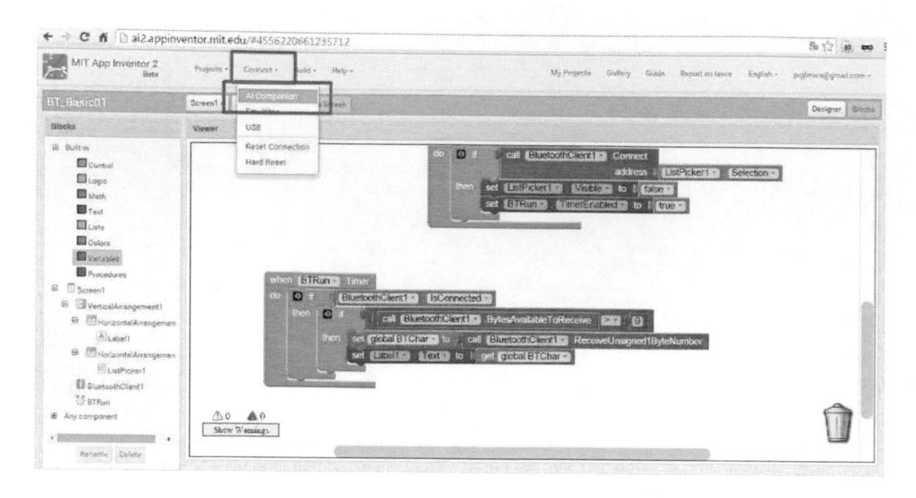

圖 84 啟動手機測試功能

如下圖所示，系統會出現一個 QR Code 的畫面。

圖 85 手機 QRCODE

如下圖所示，我們在使用 Android 的手機、平板，執行已安裝好的『MIT App Inventor 2 Companion』，點選之後進入如下圖。

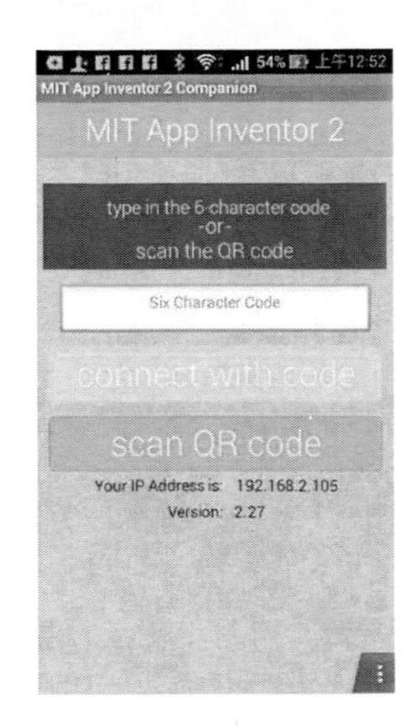

圖 86 啟動 MIT_AI2_Companion

如下圖所示，我們在選擇『scan QR code，點選之後進入如下圖。

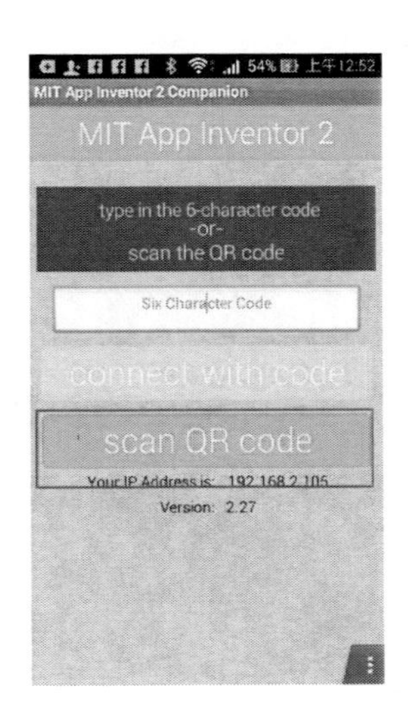

圖 87 掃描 QRCode

如下圖所示，手機會啟動掃描 QR code 的程式功能，這時後只要將手機、平板的 Camera 鏡頭描準畫面的 QR Code 就可以了。

圖 88 掃描 QRCodeing

如下圖所示，如果手機會啟動掃描 QR code 成功的話，系統會回傳 QR Code 碼到如下圖所示的紅框之中。

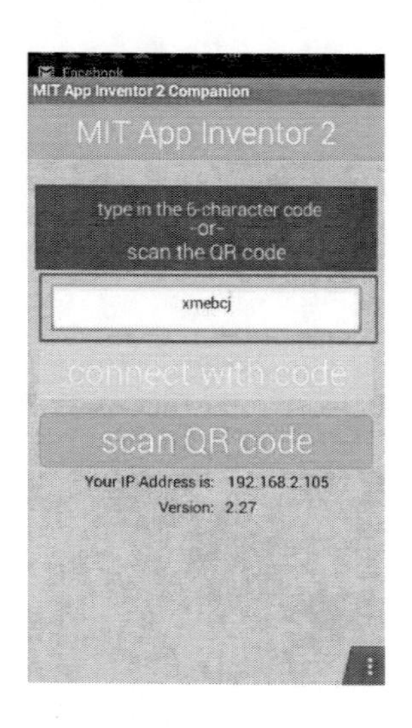

圖 89 取得 QR 程式碼

如下圖所示，我們點選如下圖所示的紅框之中的『connect with code』，就可以進入測試程式區。

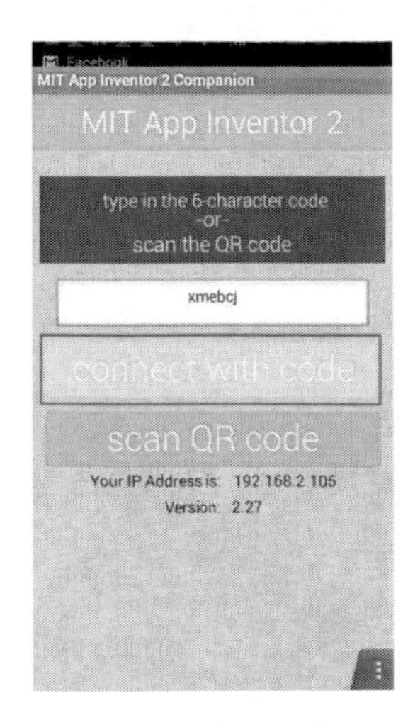

圖 90 執行程式

如下圖所示，如果程式沒有問題，我們就可以成功進入測試程式的主畫面。

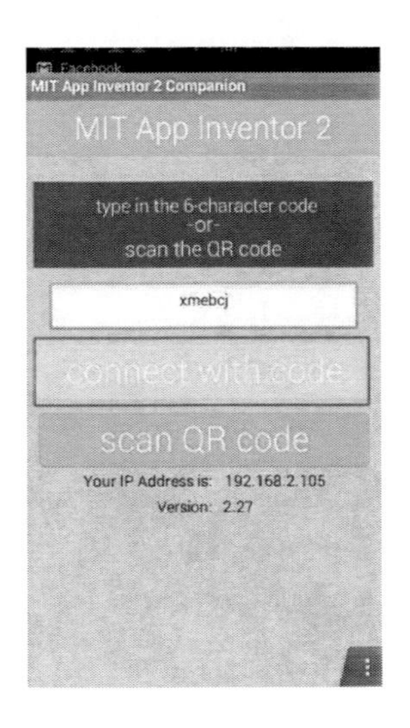

圖 91 執行程式主畫面

上傳電腦原始碼

本文有許多 App Inventor 2 程式範例，我們如果不想要一一重寫，可以取得範例網站的程式原始碼後，網址：https://github.com/brucetsao/Ameba_IOT_Programming2/tree/master/APP_Codes，讀者可以參考本節內容，將這些程式原始碼上傳到我們個人帳號的 App Inventor 2 個人保管箱內，就可以編譯、發佈或進一步修改程式(曹永忠, 吳佳駿, et al., 2016a, 2016b; 曹永忠, 許智誠, et al., 2017a, 2017b)。

首先，如下圖所示，我們在 App Inventor 2 程式模塊編輯畫面之中，在『Projects』的選單下。

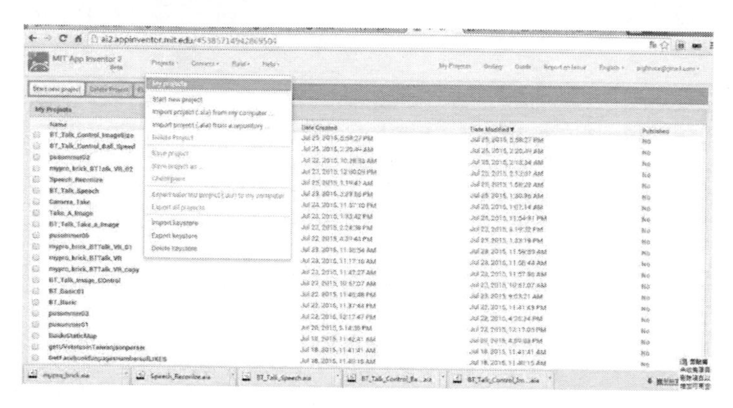

圖 92 切換到專案管理畫面

如下圖所示，我們在 App Inventor 2 程式模塊編輯畫面之中，點選在『Projects』的選單下『import project (.aia) from my computer』。

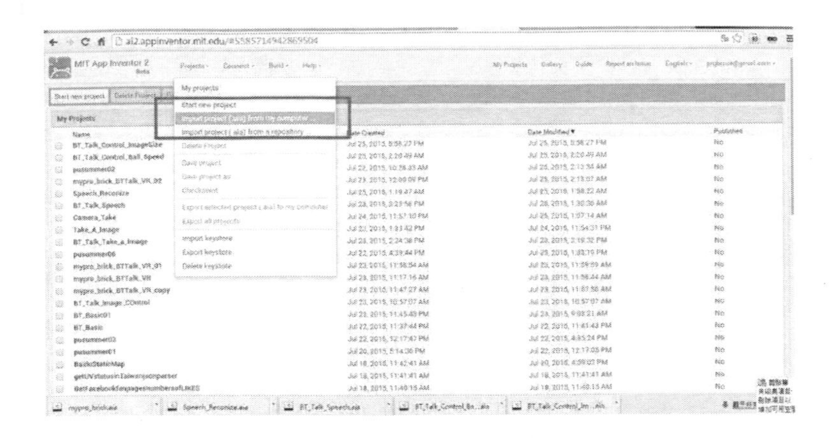

圖 93 上傳原始碼到我的專案箱

如下圖所示，出現『import project...』的對話窗，點選在『選擇檔案』的按鈕。

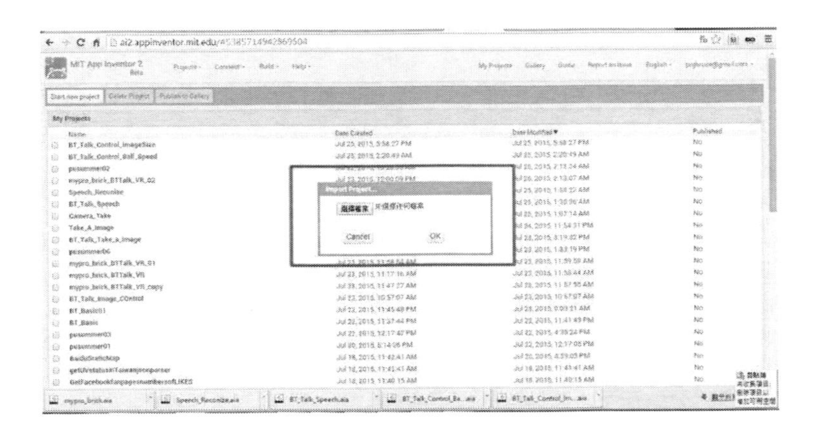

圖 94 選擇檔案對話窗

如下圖所示，出現『開啟舊檔』的對話窗，請切換到您存放程式碼路徑，並點選您要上傳的『程式碼』。

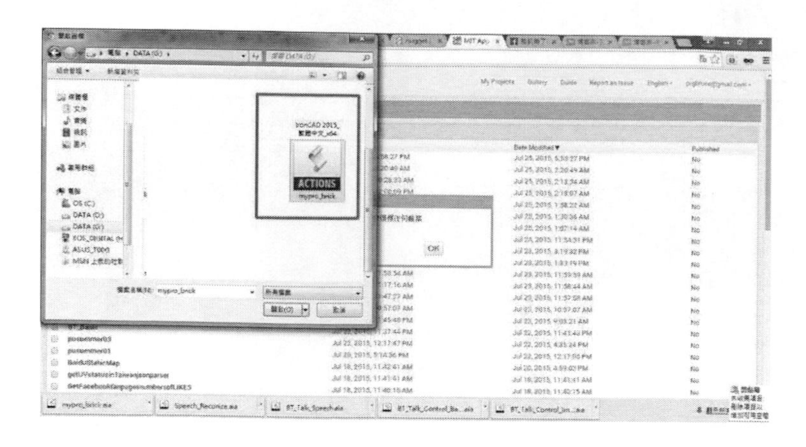

圖 95 選擇電腦原始檔

如下圖所示，出現『開啟舊檔』的對話窗，請切換到您存放程式碼路徑，並點選您要上傳的『程式碼』，並按下『開啟』的按鈕。

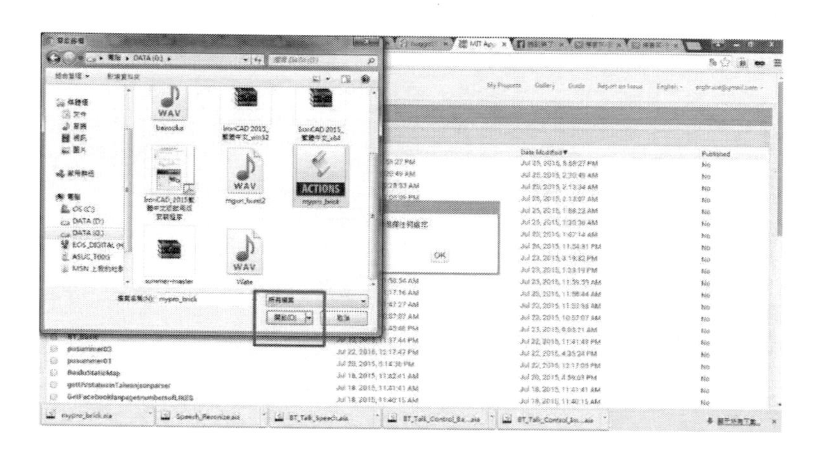

圖 96 開啟該範例

如下圖所示，出現『import project...』的對話窗，點選在『OK』的按紐。

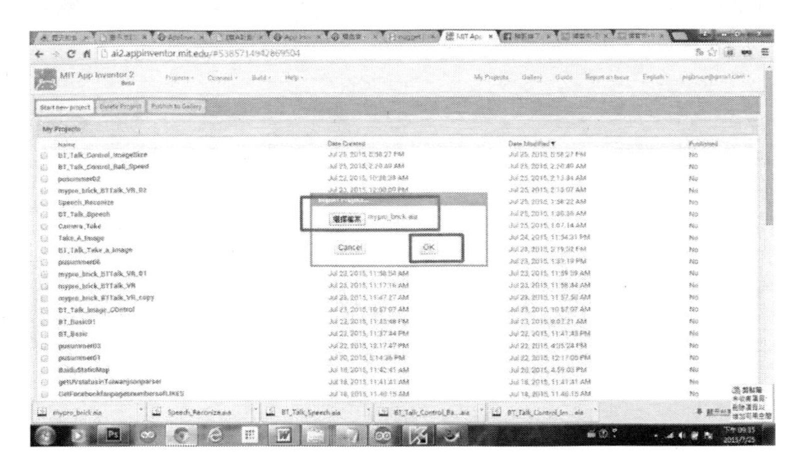

圖 97 開始上傳該範例

如下圖所示，如果上傳程式碼沒有問題，就會回到 App Inventor 2 的元件編輯畫面，代表您已經正確上傳該程式原始碼了。

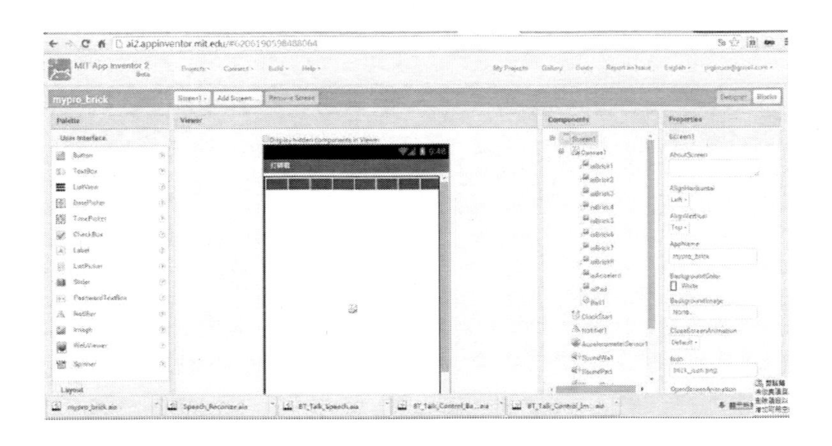

圖 98 上傳範例後開啟該範例

Ameba 藍芽通訊

Ameba 藍芽通訊是本文主要的重點，本節介紹 Ameba 開發板如何使用藍芽模組與與模組之間的電路組立(曹永忠, 吳佳駿, et al., 2016a, 2016b; 曹永忠, 許智誠, & 蔡英德, 2014a, 2014b; 曹永忠, 許智誠, et al., 2017d; 曹永忠, 許智誠, & 蔡英德,

2017f, 2017g)。

如下圖所示，這個實驗我們需要用到的實驗硬體有下圖.(a)的 Ameba RTL8195AM 與下圖.(b) Micro USB 下載線、下圖.(c) 藍芽通訊模組(HC-05)：

(a).Ameba RTL8195AM

(b). Micro USB 下載線

(c). 藍芽通訊模組(HC-05)

圖 99 藍芽通訊模組(HC-05)所需零件表

如下圖所示，我們可以看到連接藍芽通訊模組(HC-05)，只要連接 VCC、GND、TXD、RXD 等四個腳位，讀者要仔細觀看，切勿弄混淆了。

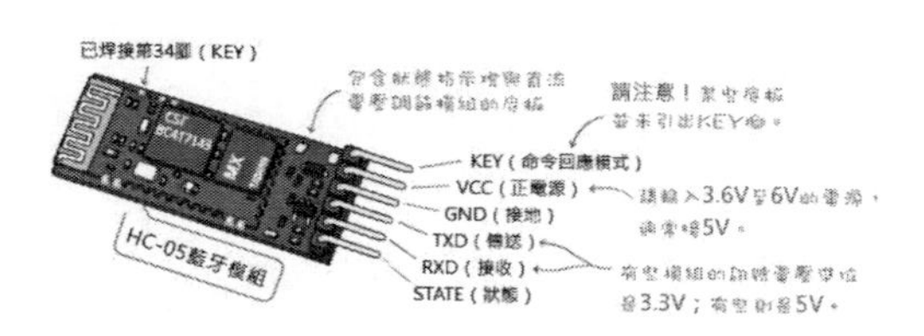

圖 100 附帶底板的 HC-05 藍牙模組接腳圖

資料來源：趙英傑老師網站(http://swf.com.tw/?p=693)(趙英傑, 2013, 2014)

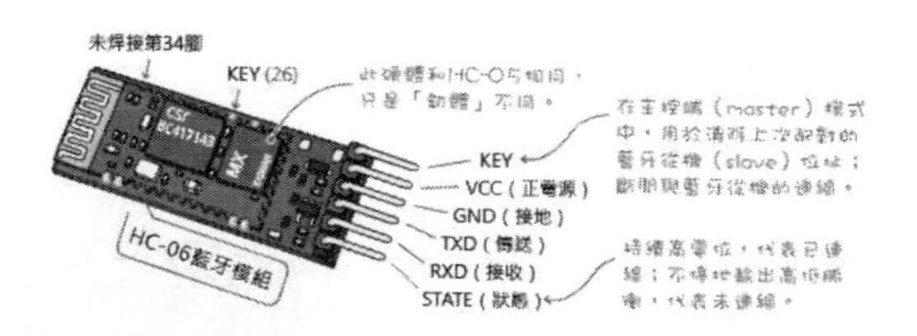

圖 101 附帶底板的 HC-06 藍牙模組接腳圖

資料來源：趙英傑老師網站(http://swf.com.tw/?p=693)(趙英傑, 2013, 2014)

如下圖所示，我們可以知道只要將藍芽通訊模組(HC-05)的 VCC 接在 Ameba RTL8195AM 開發板 +5V 的腳位(有的要接 3.3V)，GND 接在 Ameba RTL8195AM 開發板 GND 的腳位，剩下的 TXD、、RXD 兩個通訊接腳，如果要用實體通訊接腳連接，就可以接在 Ameba RTL8195AM 開發板 Tx0、、Rx0 的腳位，或者讀者可以使用軟體通訊埠，也一樣可以達到相同功能，只不過速度無法如同硬體的通訊埠那麼快。

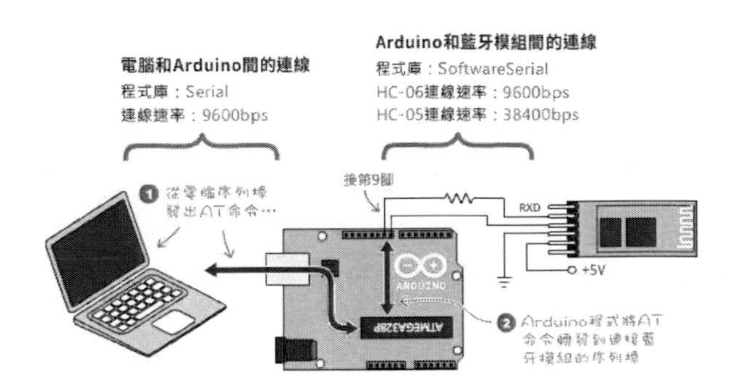

圖 102 連接藍芽模組之簡圖

資料來源：趙英傑老師網站(http://swf.com.tw/?p=712)(趙英傑, 2013, 2014)

由於本文使用 HC-05 藍牙模組，所以我們遵從下表來組立電路，來完成本節的實驗：

表 7 HC-05 藍牙模組接腳表

HC-05 藍牙模組	Ameba RTL8195AM 開發板接腳
VCC	Ameba RTL8195AM +5V Pin
GND	Ameba RTL8195AM Gnd Pin
TX	Ameba RTL8195AM digital Pin 0
RX	Ameba RTL8195AM digital Pin 1

HC-05 藍牙模組	Ameba RTL8195AM 開發板接腳

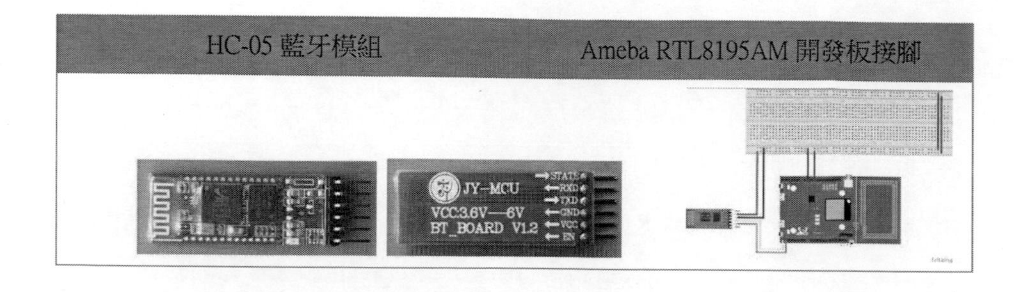

我們遵照前面所述，將 Ameba RTL8195AM 開發板的驅動程式安裝好之後，作者參考上表與上圖之後，完成電路的連接，完成後如下圖所示之藍牙模組 HC-05 接腳實際組裝圖。

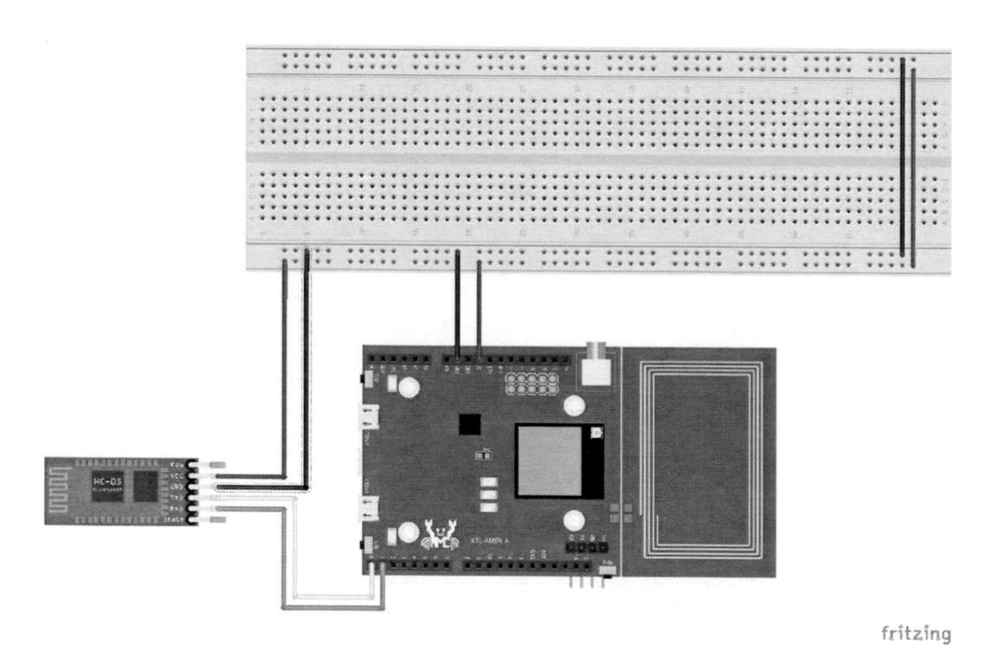

圖 103 藍牙模組 HC-05 接腳實際組裝圖

我們遵照前幾章所述，將 Ameba RTL8195AM 開發板的驅動程式安裝好之後，我們打開 Ameba RTL8195AM 開發板的開發工具：Sketch IDE 整合開發軟體，攥寫一段程式，如下表所示之藍牙模組 HC-05 測試程式一，來進行藍牙模組 HC-05 的通訊測試。

表 8 藍牙模組 HC-05 測試程式一

藍牙模組 HC-05 測試程式一(BT_Talk)

// ref HC-05 與 HC-06 藍牙模組補充說明（三）：使用 Ameba RTL8195AM 設定 AT 命令
// ref http://swf.com.tw/?p=712
 	
#include <SoftwareSerial.h>   // 引用程式庫
 	
// 定義連接藍牙模組的序列埠
SoftwareSerial BT(0, 1); // 接收腳, 傳送腳
char val; // 儲存接收資料的變數
 	
void setup() {
  Serial.begin(9600);   // 與電腦序列埠連線
  Serial.println("BT is ready!");
 	
  // 設定藍牙模組的連線速率
  // 如果是 HC-05，請改成 38400
  BT.begin(9600);
}
 	
void loop() {
 	
  // 若收到藍牙模組的資料，則送到「序列埠監控視窗」
  if (BT.available()) {
    val = BT.read();
    Serial.print(val);
  }
 	
  // 若收到「序列埠監控視窗」的資料，則送到藍牙模組
  if (Serial.available()) {
    val = Serial.read();
    BT.write(val);
  }
}

讀者可以看到本次實驗-藍牙模組 HC-05 測試程式一結果畫面，如下圖所示，以看到輸入的字元可以轉送到藍牙另一端接收端。

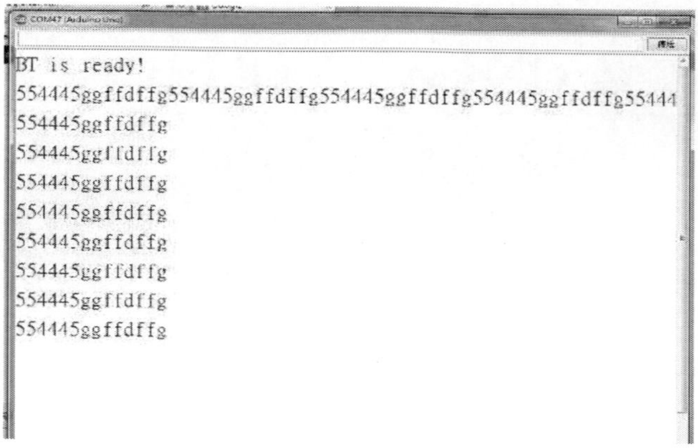

```
BT is ready!
554445ggffdffg554445ggffdffg554445ggffdffg554445ggffdffg55444
554445ggffdffg
554445ggffdffg
554445ggffdffg
554445ggffdffg
554445ggffdffg
554445ggffdffg
554445ggffdffg
554445ggffdffg
```

圖 104 藍牙模組 HC-05 測試程式一結果畫面

章節小結

本章主要介紹之 APP Inventor 2 的基本功能，讓讀者可以先上傳本書的範例馬，測試藍牙裝置，了解藍牙通訊等基本用法等，相信讀者會對 APP Inventor 2 的基本功能，有更深入的了解與體認。

CHAPTER

手機系統開發篇

本文我們要使用 MIT APP INVENTOR 2 開發工具，進行智慧行動裝置監控家居溫溼度之物聯網系統開發，並了解如何設計藍芽通訊功能的手機應用程式。進而教讀者如何將溫溼度感測資料於顯示於行動裝置上(曹永忠, 許智誠, & 蔡英德, 2017e; 曹永忠, 許智誠, et al., 2017f)。

如何執行 AppInventor 程式

如下圖所示，我們使用 Chrome 瀏覽器，開啟瀏覽器後，到 Google Search(網址：https://www.google.com.tw/)，輸入『App Inventor 2』。

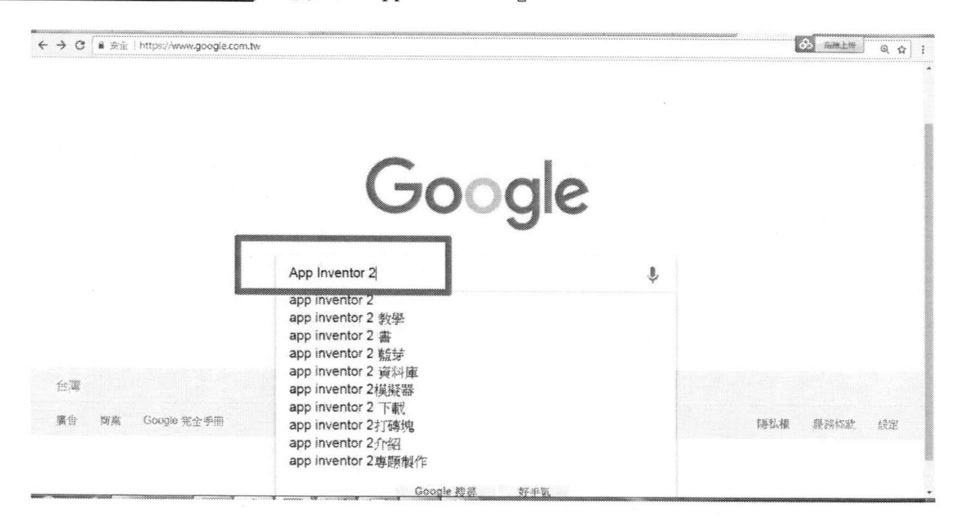

圖 105 搜尋 App_Inventor_2

如下圖紅框處所示，我們找到 App Inventor 2。

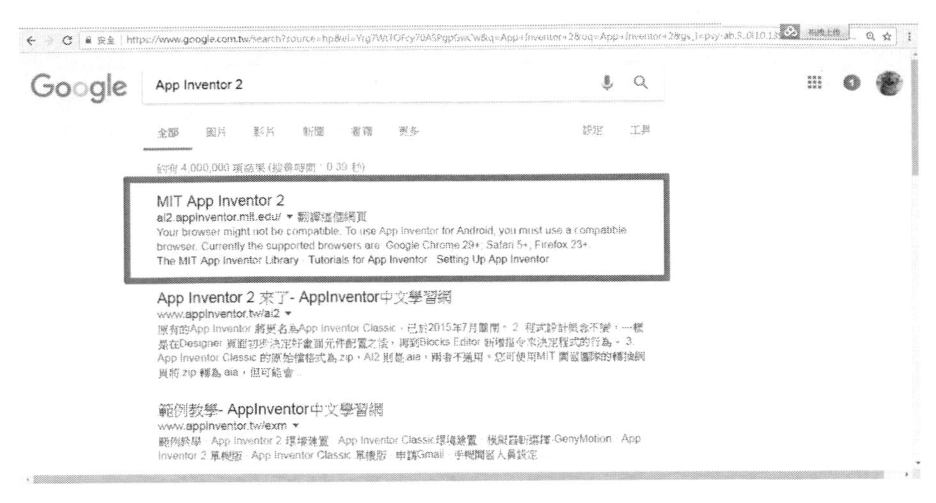

圖 106 找到 App Inventor 2

如下圖紅框處所示，我們點選 App Inventor 2，進入 App Inventor 2。

圖 107 點選 App Inventor 2

進入 App Inventor 2 之後，一般而言，如下圖所示，我們可以進入 App Inventor 2 專案目錄的功能之中。

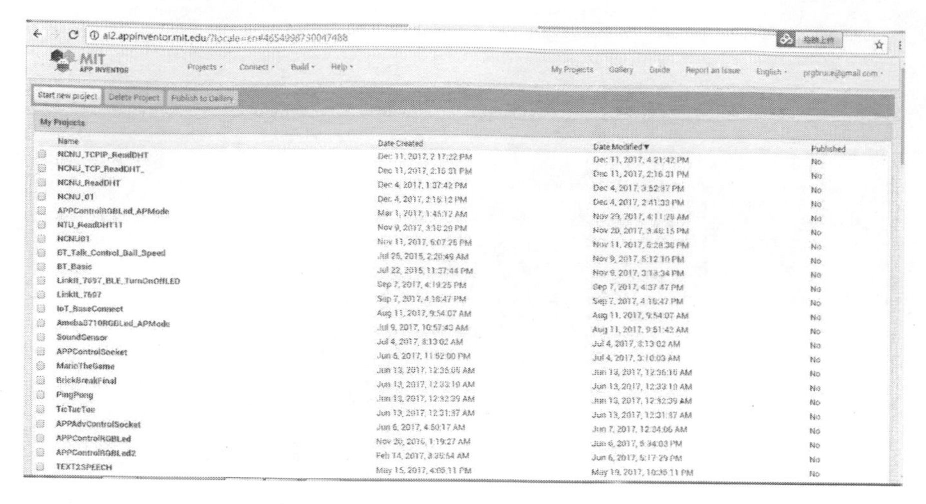

圖 108 App Inventor 2 專案目錄

開啟新專案

進入 App Inventor 2 開發環境中，第一個看到的是如下圖所示之專案保管箱的目錄，我們可以如下圖所示，我們在 App Inventor 2 程式模塊編輯畫面之中，開立一個新專案。

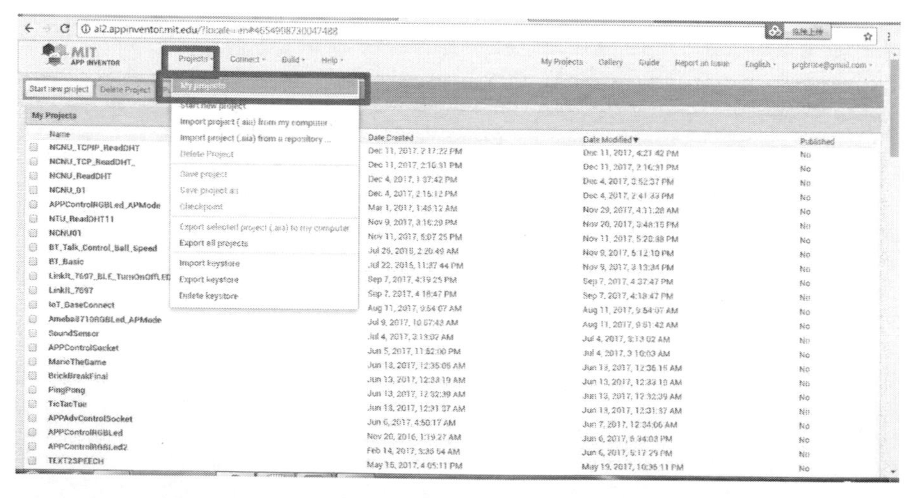

圖 109 建立新專案

首先，如下圖所示，我們先將新專案命名為 NTU_ReadDHT11。

圖 110 命名新專案為 NTU_ReadDHT11

建立新專案之後，如下圖所示，我們可以進到新專案主畫面。

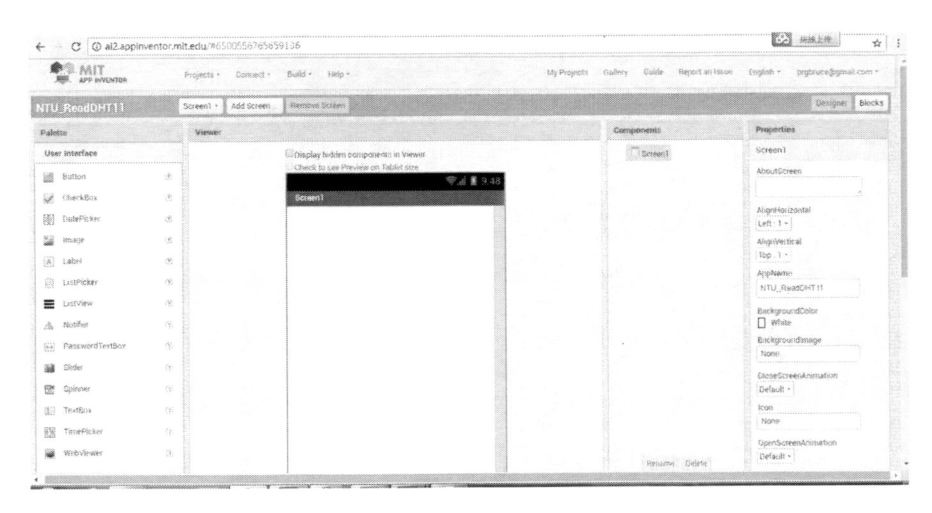

圖 111 新專案主畫面

修改系統名稱

如下圖所示，我們先將系統名稱修改為『NTU_ReadDHT11』

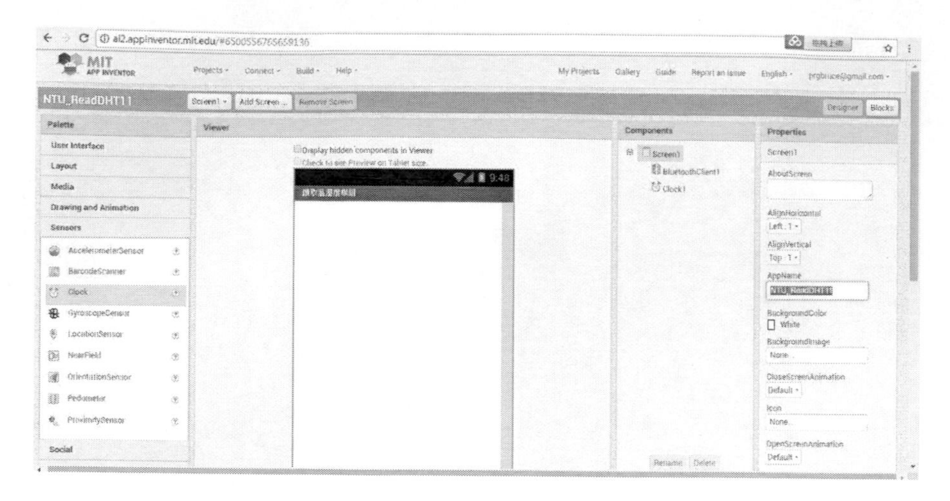

圖 112 變更 APP Name

如下圖所示，我們也將系統 APP Title 修改為『讀取溫溼度模組』

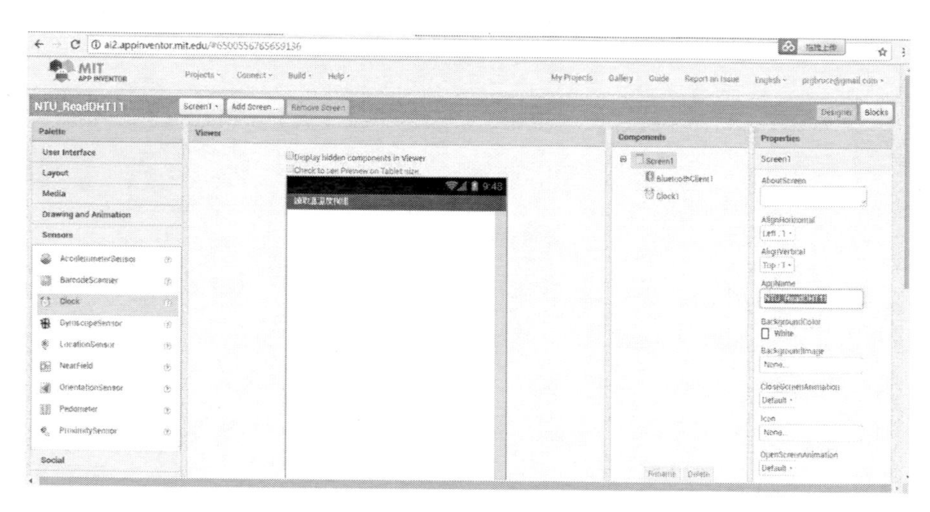

圖 113 變更 APP Title

通訊元件設計

首先，如下圖所示，我們在先拉出藍芽通訊元件，請拉出 BluetoothClient 元件，該元件為不可視元件，所以只會在底端出現該元件的 ICON。

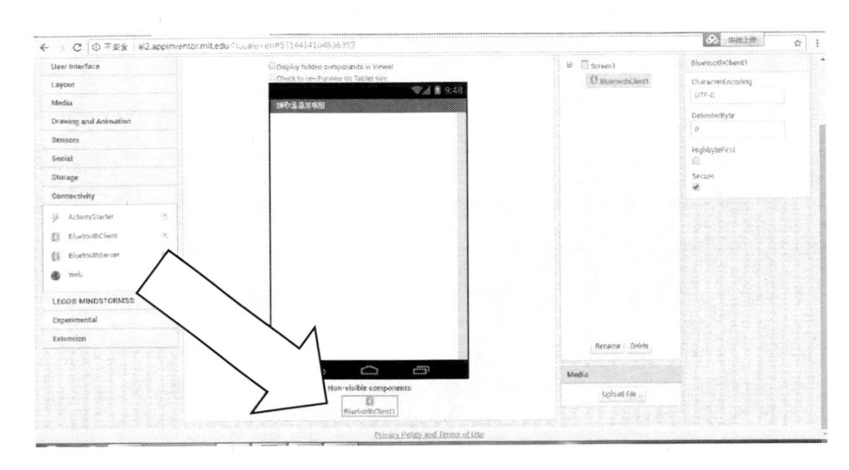

圖 114 拉出藍芽元件

首先，如下圖所示，我們將拉出 BluetoothClient 元件，變更名稱為『BT』。

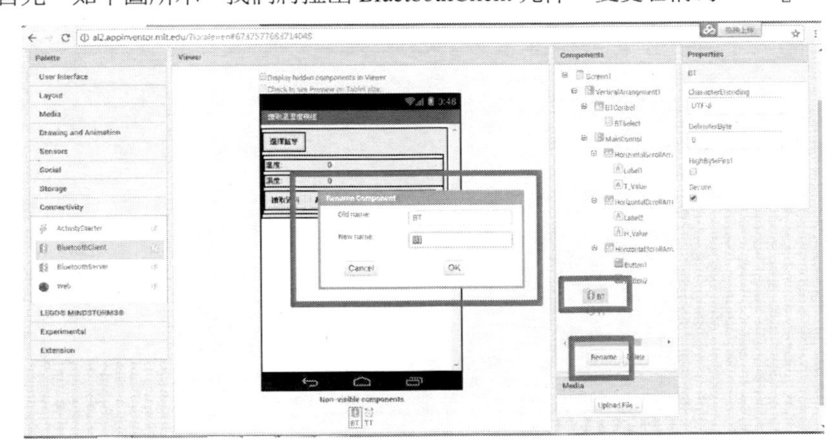

圖 115 變更藍芽名稱為 BT

通訊監聽元件

時鐘元件

首先，如下圖所示，我們在先拉出時鐘元件來當作監聽資料是否傳到的元件，請拉出 Clock 元件，該元件為不可視元件，所以只會在底端出現該元件的 ICON。

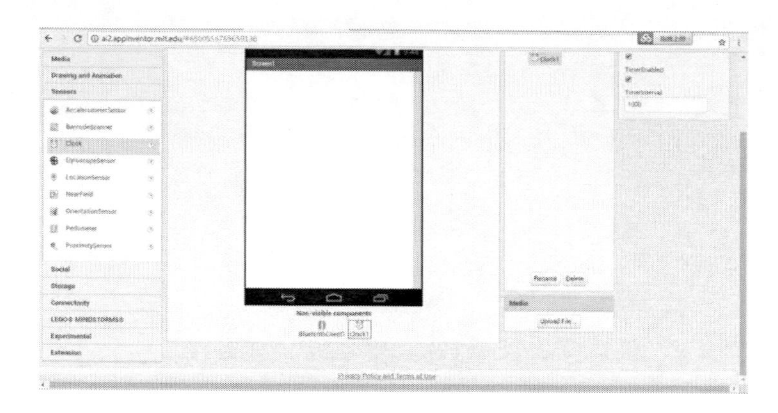

圖 116 拉出 Clock 時間元件

首先，如下圖所示，我們將拉出 Clock 元件，變更名稱為『TT』。

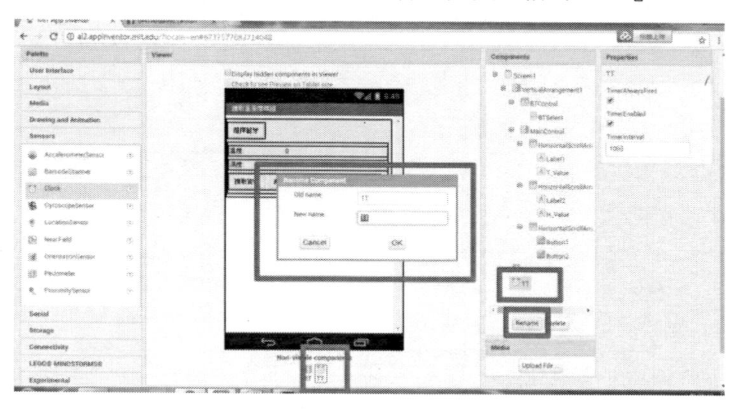

圖 117 變更時鐘元件名稱為 TT

圖形介面開發

本階段我們要進入 APPs 應用程式的介面開發。

Layout 設計

首先，如下圖所示，我們在先拉出 VerticalArrangement 元件。

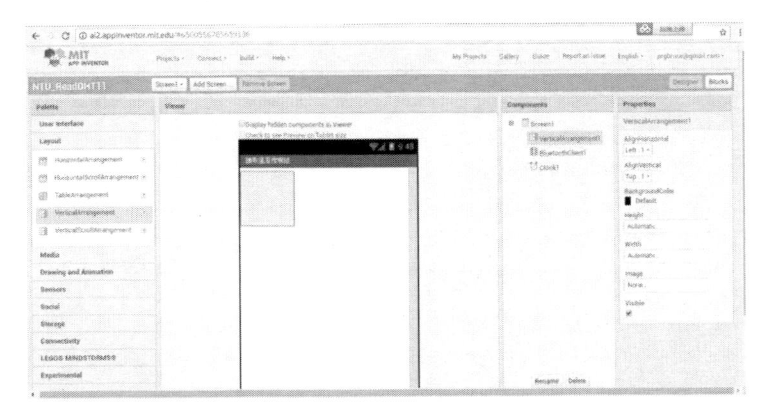

圖 118 拉出 VerticalArrangement 元件

如下圖所示，我們變更拉出第一個 VerticalArrangement 元件的寬度為 98 %。

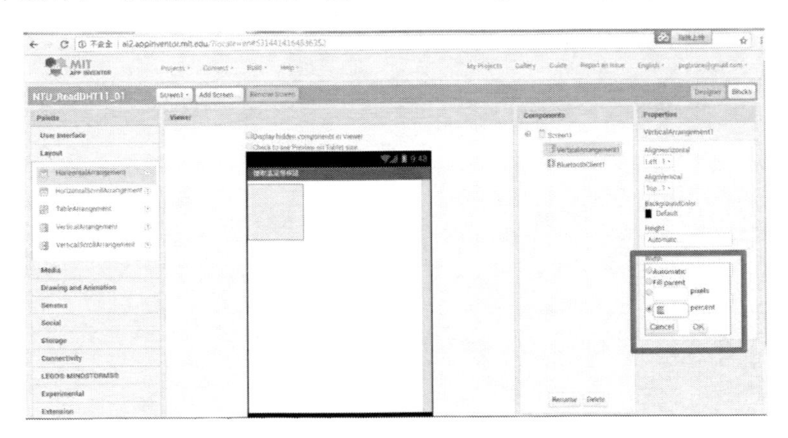

圖 119 變更寬度為 98 %

如下圖所示，我們在拉出第一個 HorizontalArrangement 元件。

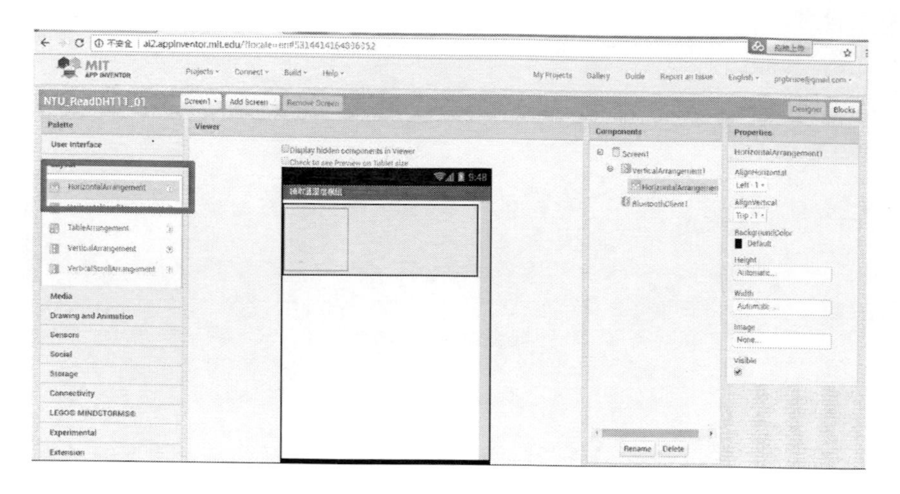

圖 120 拉出第一個 HorizontalArrangement 元件

如下圖所示，我們在變更第一個 HorizontalArrangement 元件寬度為 95%。

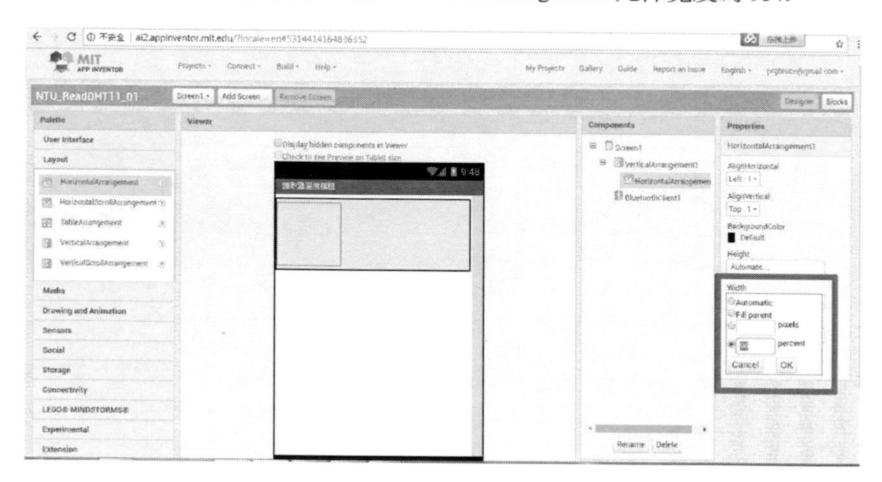

圖 121 變更第一個 HorizontalArrangement 元件寬度

如下圖所示，我們在變更第一個 HorizontalArrangement 元件名稱為『BTControl』。

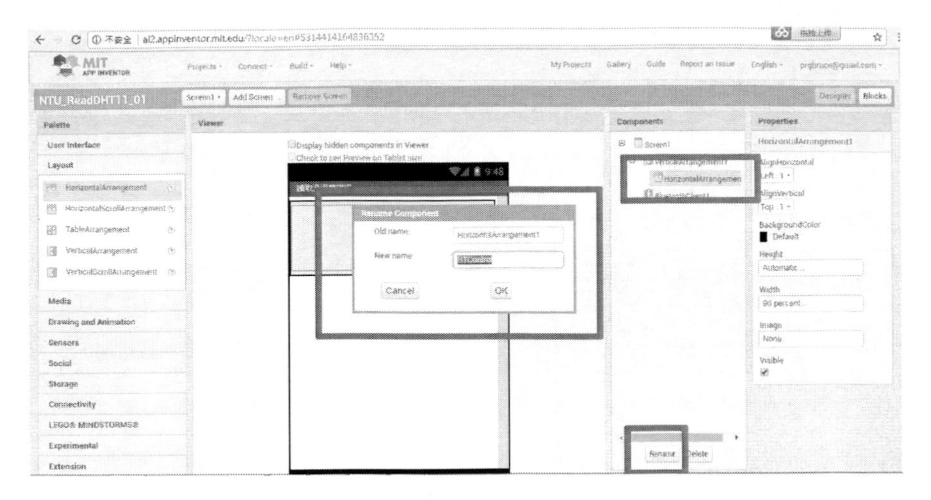

圖 122 變更第一個 HorizontalArrangement 元件名稱

如下圖所示，我們在拉出第二個 VerticalArrangement 元件。

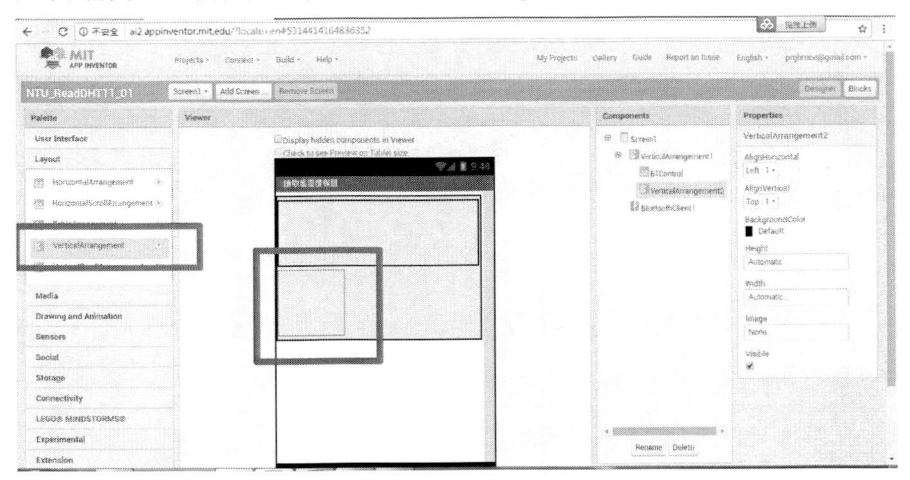

圖 123 拉出第二個 VerticalArrangement 元件

如下圖所示，我們變更第二個 VerticalArrangement 元件寬度為 95%

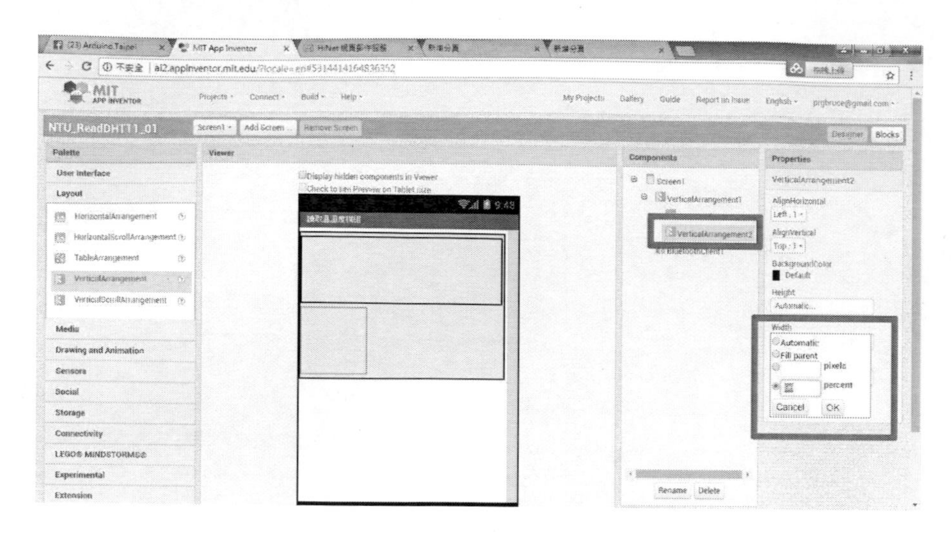

圖 124 變更第二個 VerticalArrangement 元件寬度

如下圖所示，我們變更第二個 VerticalArrangement 元件名稱為『MainControl』。

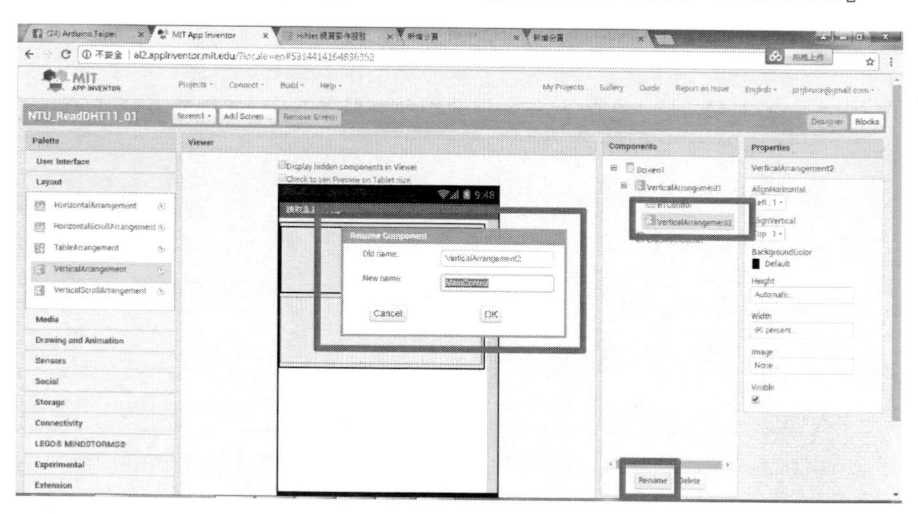

圖 125 變更第二個 VerticalArrangement 元件名稱

如下圖所示，我們拉出顯示區第一個 HorizontalArrangement 元件

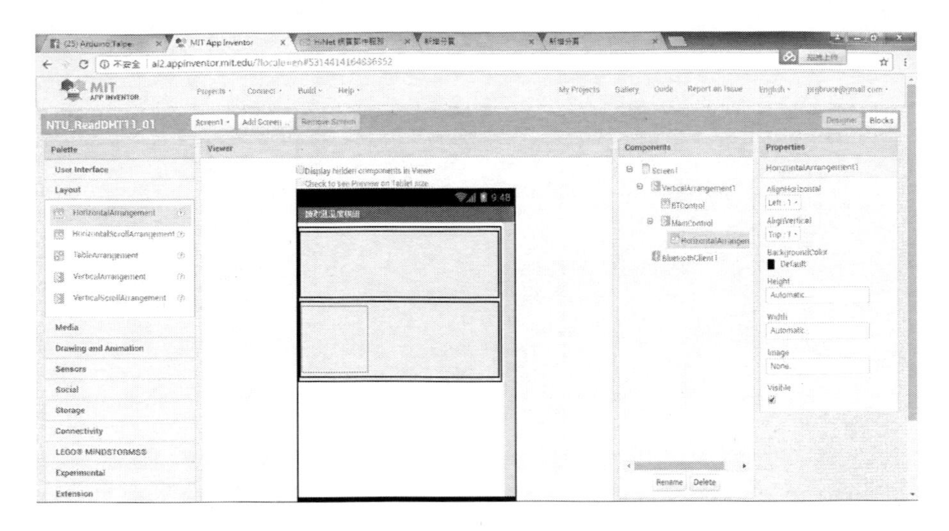

圖 126 拉出顯示區第一個 HorizontalArrangement 元件

如下圖所示，我們變更顯示區第一個 HorizontalArrangement 元件寬度

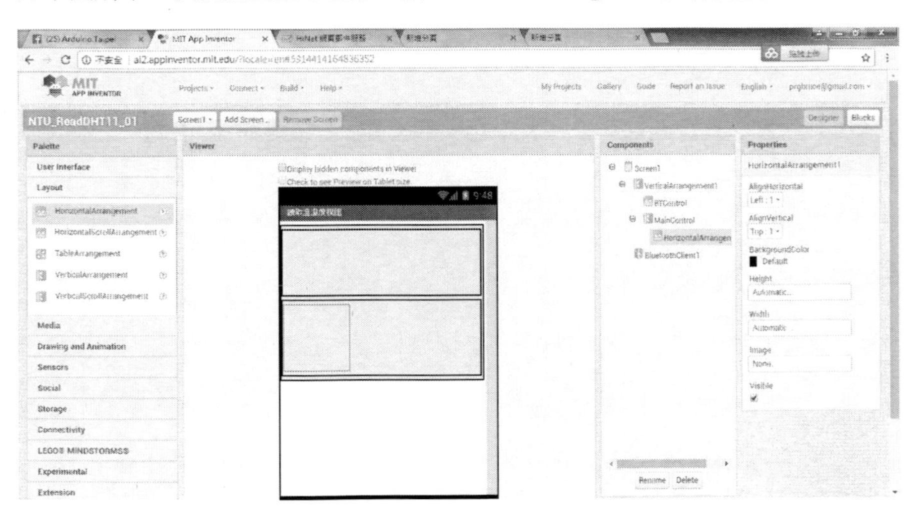

圖 127 變更顯示區第一個 HorizontalArrangement 元件寬度

如下圖所示，我們拉出顯示區第二個 HorizontalArrangement 元件

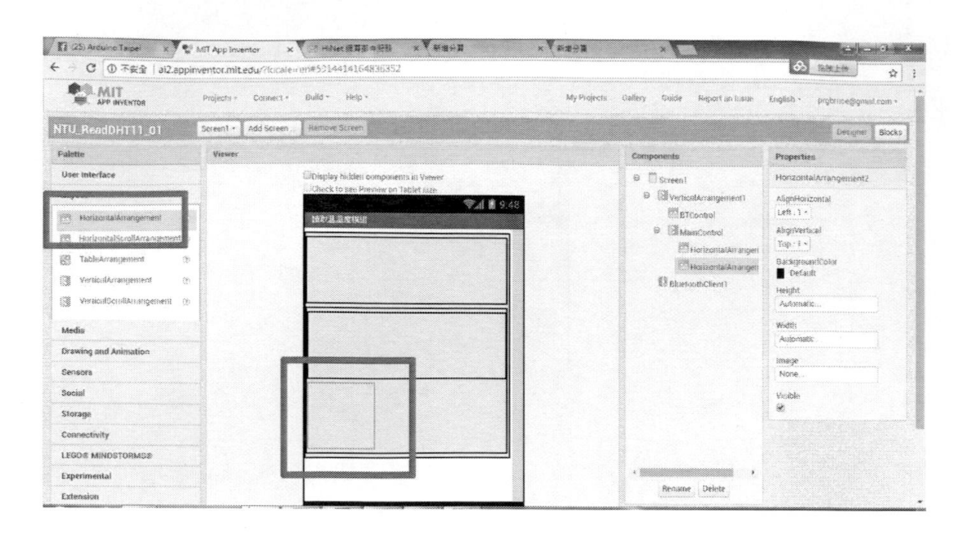

圖 128 拉出顯示區第二個 HorizontalArrangement 元件

如下圖所示，我們變更顯示區第二個 HorizontalArrangement 元件寬度

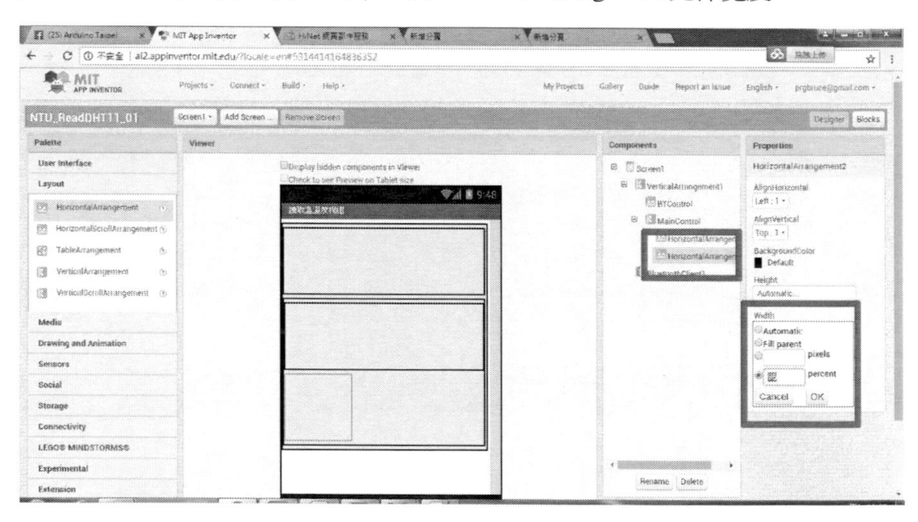

圖 129 變更顯示區第二個 HorizontalArrangement 元件寬度

如下圖所示，我們拉出顯示區第三個 HorizontalArrangement 元件

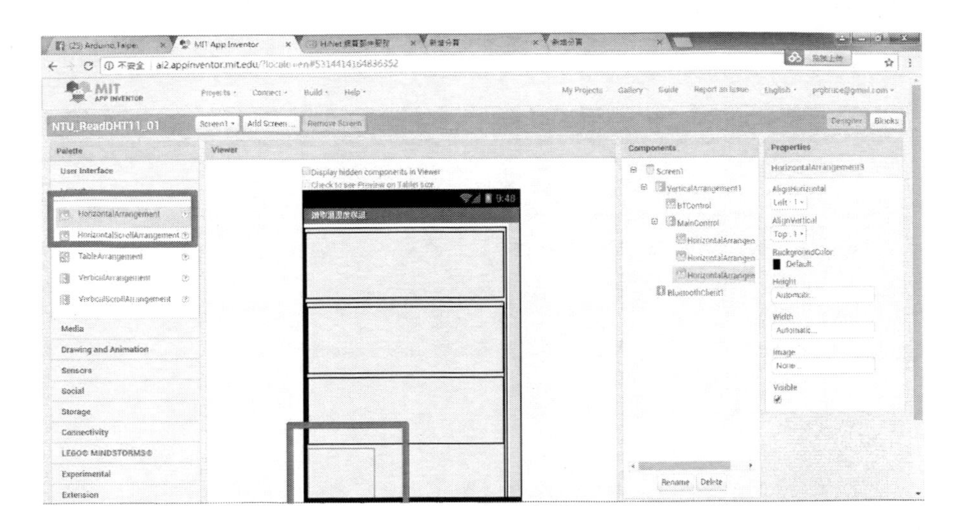

圖 130 拉出顯示區第三個 HorizontalArrangement 元件

如下圖所示，我們變更顯示區第三個 HorizontalArrangement 元件寬度

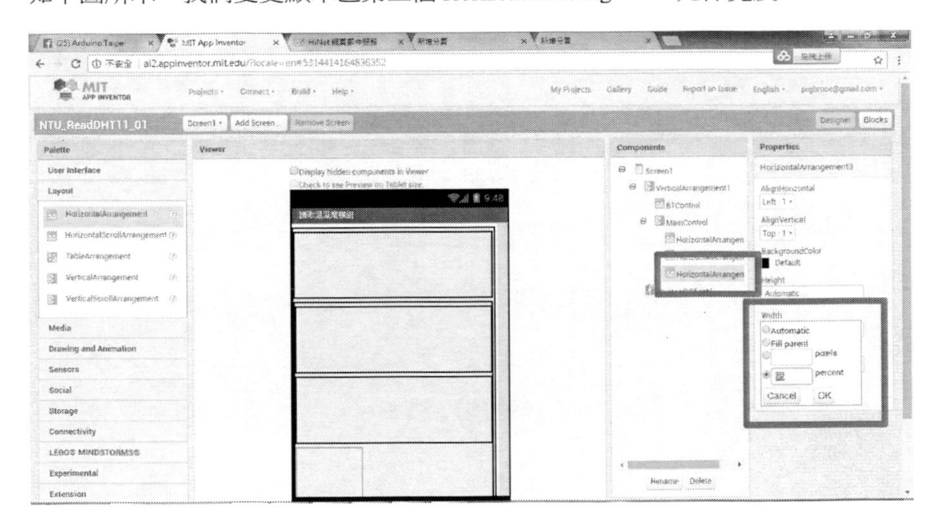

圖 131 變更顯示區第三個 HorizontalArrangement 元件寬度

連接藍芽元件設計

如下圖所示，我們拉出 ListPicker 元件，來當為連接藍芽裝置的控制端。

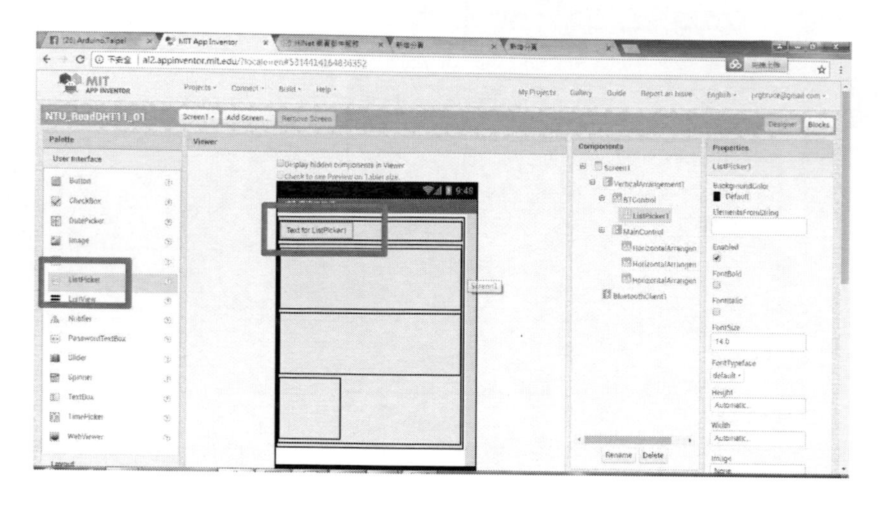

圖 132 拉出 ListPicker 元件

如下圖所示，我們變更 ListPicker 元件顯示文字改為『選擇藍芽』。

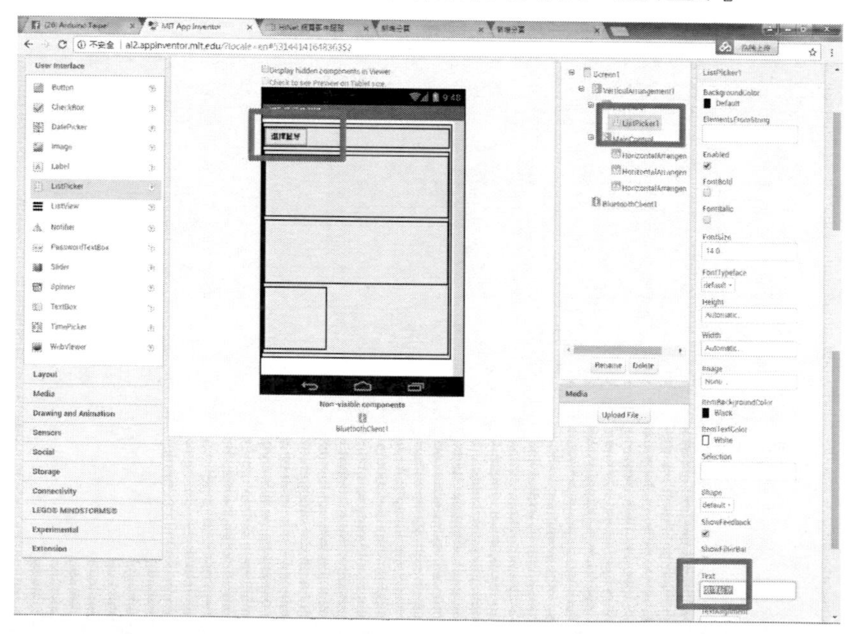

圖 133 變更 ListPicker 元件顯示文字

如下圖所示，我們變更 ListPicker 元件名字改為『BTSelect』。

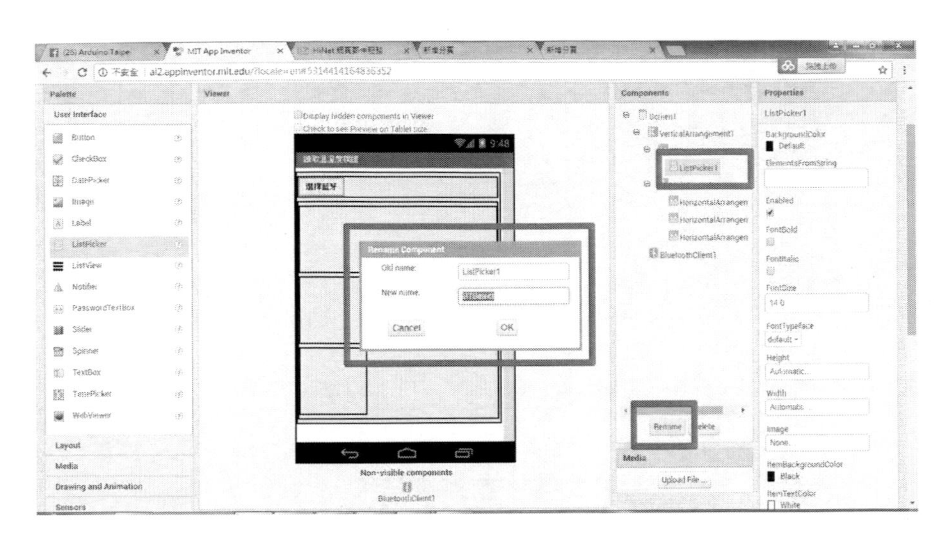

圖 134 變更 ListPicker 元件名字

溫溼度顯示元件設計

如下圖所示，我們拉出第一個顯示傳輸內容標示之 Label 元件。

圖 135 拉出第一個顯示傳輸內容標示之 Label 元件

如下圖所示，我們修改第一個顯示傳輸內容標示之 LABEL 元件的顯示屬性(Text)改為『溫度』。

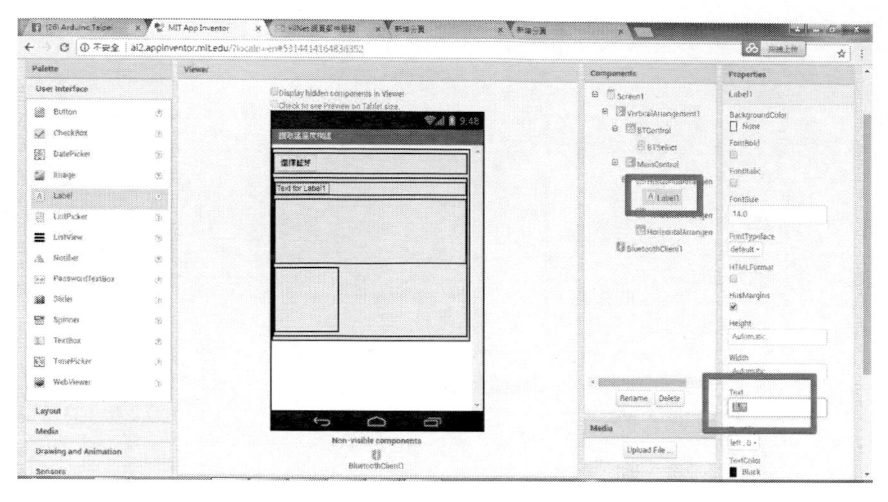

圖 136 修改第一個顯示傳輸內容標示之 LABEL 元件的顯示屬性

如下圖所示，我們拉出第一個顯示傳輸內容之 Label 元件。

圖 137 拉出第一個顯示傳輸內容之 Label 元件

如下圖所示，我們修改第一個顯示傳輸內容之 LABEL 元件的顯示屬性(Text)改為『0』。

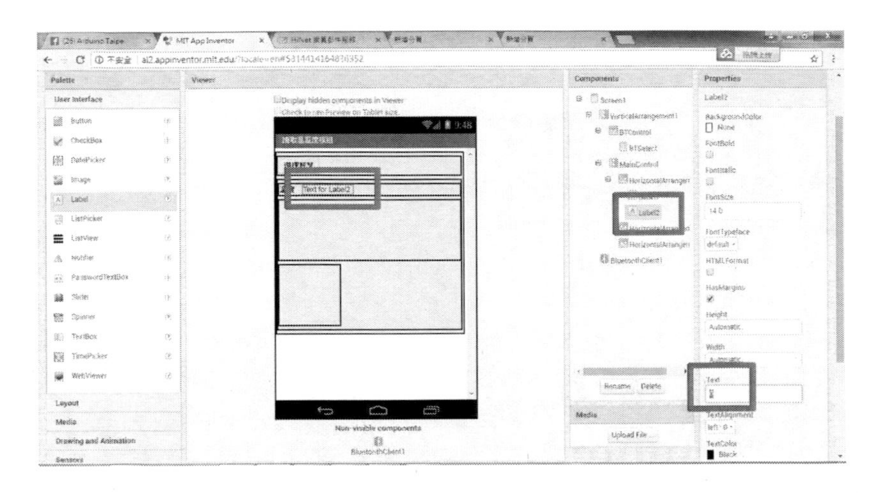

圖 138 修改第一個顯示傳輸內容之 LABEL 元件的顯示屬性

如下圖所示，我們修改第一個顯示傳輸內容之 LABEL 元件的名稱改為『T_Value』。

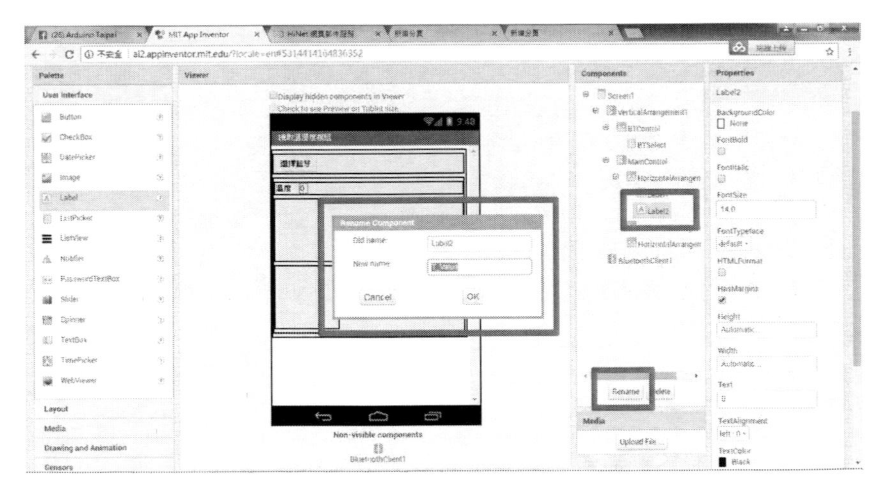

圖 139 修改第一個顯示傳輸內容之 LABEL 元件的名稱

如下圖所示，我們拉出第二個顯示傳輸內容標示之 Label 元件。

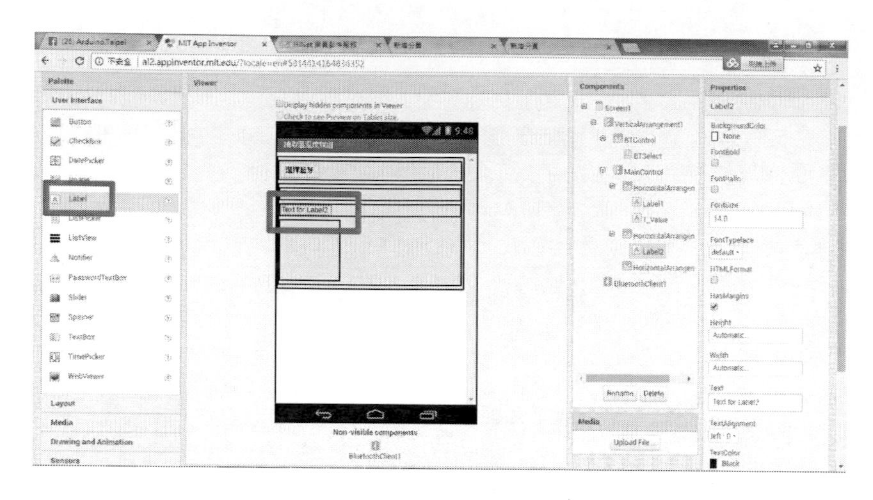

圖 140 拉出第二個顯示傳輸內容標示之 Label 元件

如下圖所示，我們修改第二個顯示傳輸內容標示之 LABEL 元件的顯示屬性(Text)改為『濕度』。

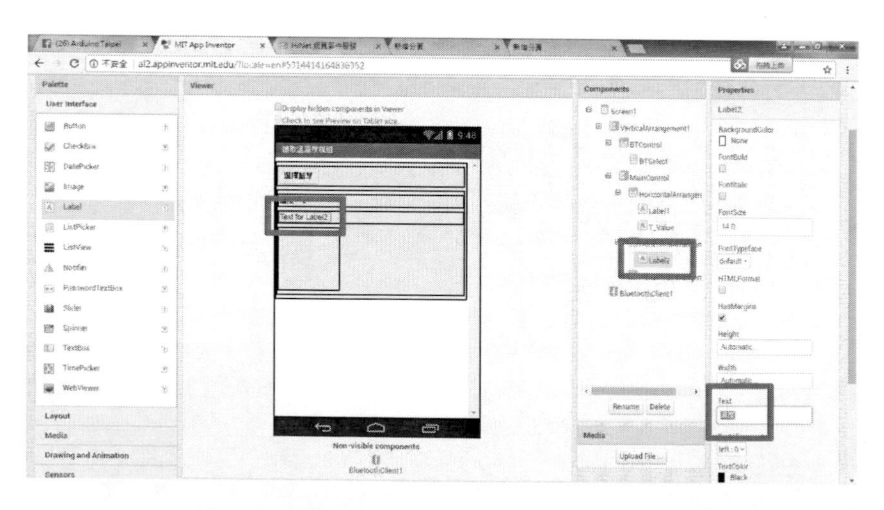

圖 141 修改第二個顯示傳輸內容標示之 LABEL 元件的顯示屬性

如下圖所示，我們拉出第二個顯示傳輸內容之 Label 元件。

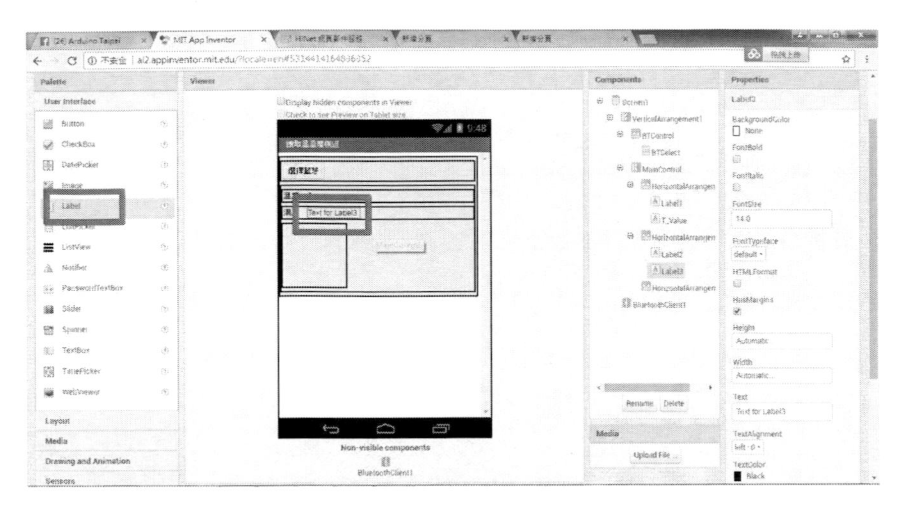

圖 142 拉出第二個顯示傳輸內容之 Label 元件

如下圖所示，我們修改第二個顯示傳輸內容之 LABEL 元件的顯示屬性(Text)改為『0』。

圖 143 修改第二個顯示傳輸內容之 LABEL 元件的顯示屬性

如下圖所示，我們修改第二個顯示傳輸內容之 LABEL 元件的名稱改為『H_Value』。

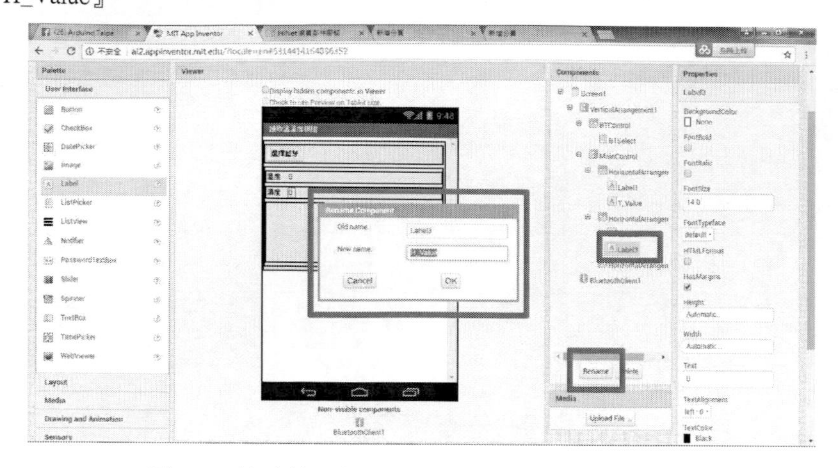

圖 144 修改第二個顯示傳輸內容之 LABEL 元件的名稱

使用者控制元件設計

如下圖所示，我們拉出控制第一個按鈕元件。

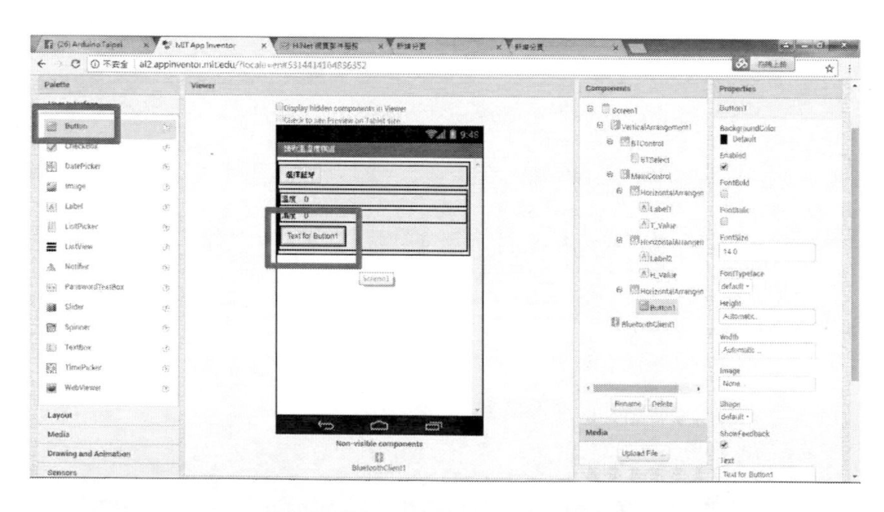

圖 145 拉出控制第一個按鈕元件

如下圖所示，我們修改控制第一個按鈕元件的顯示屬性(Text)改為『更新溫溼度』。

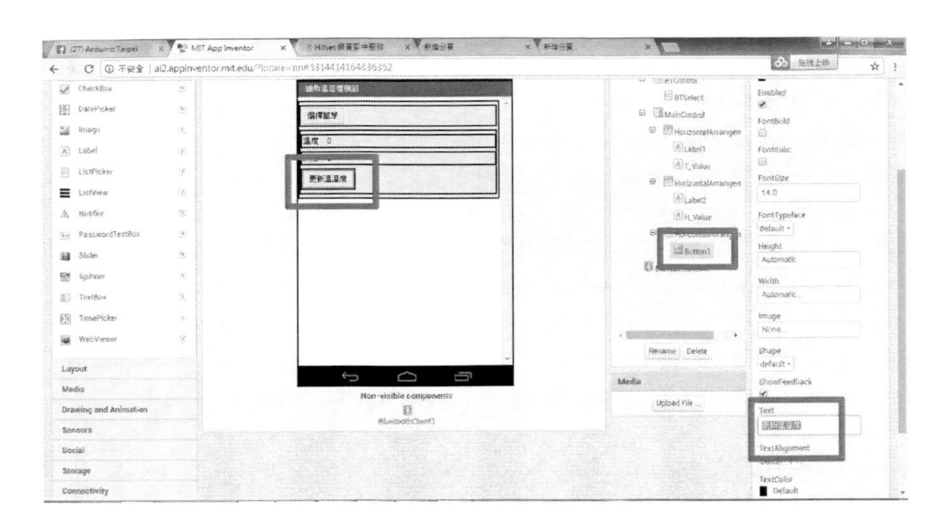

圖 146 修改控制第一個按鈕元件的顯示屬性

如下圖所示，我們拉出控制第二個按鈕元件。

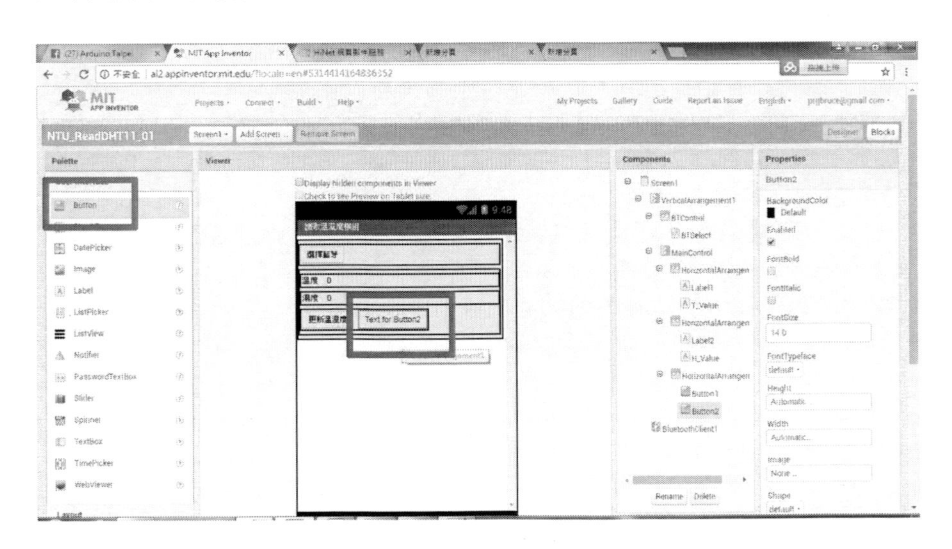

圖 147 拉出控制第二個按鈕元件

如下圖所示，我們修改控制第二個按鈕元件的顯示屬性(Text)改為『離開系統』。

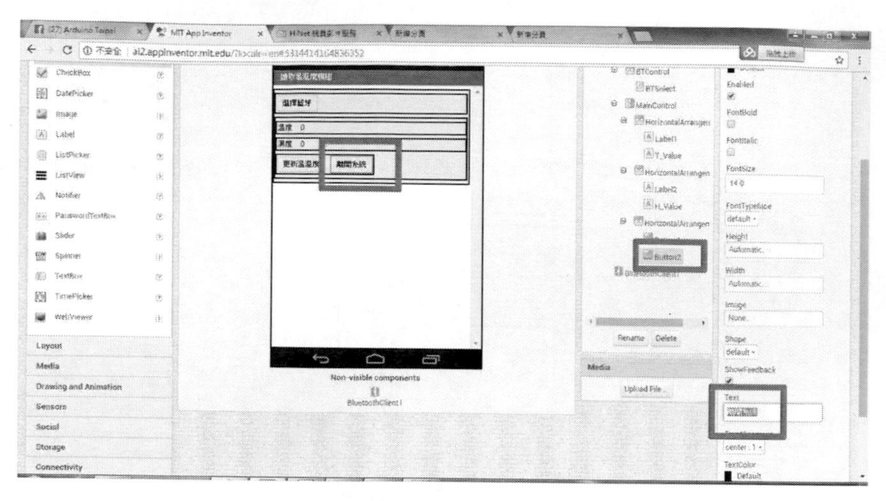

圖 148 修改控制第二個按鈕元件的顯示屬性

控制程式開發

切換程式設計視窗

如下圖所示，我們為了編修程式，請點選如下圖所示之紅框區『Blocks』按鈕。

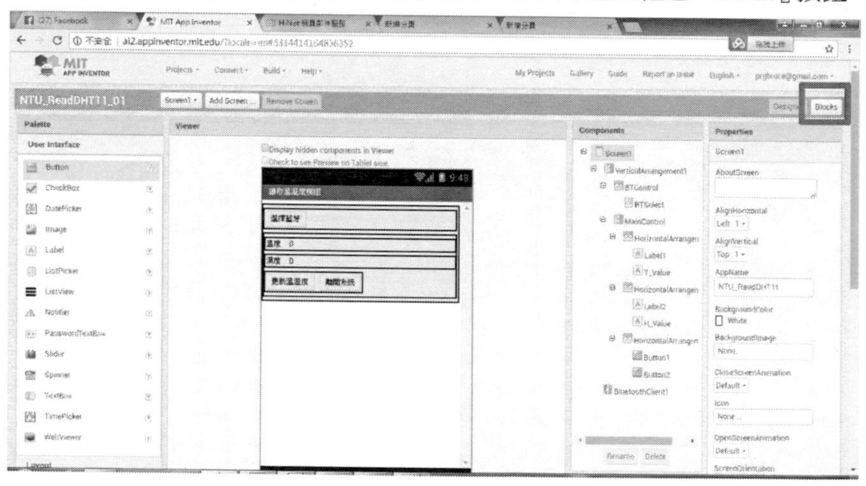

圖 149 切換程式設計模式

如下圖所示，下圖所示為 App Inventor 2 的程式編輯區。

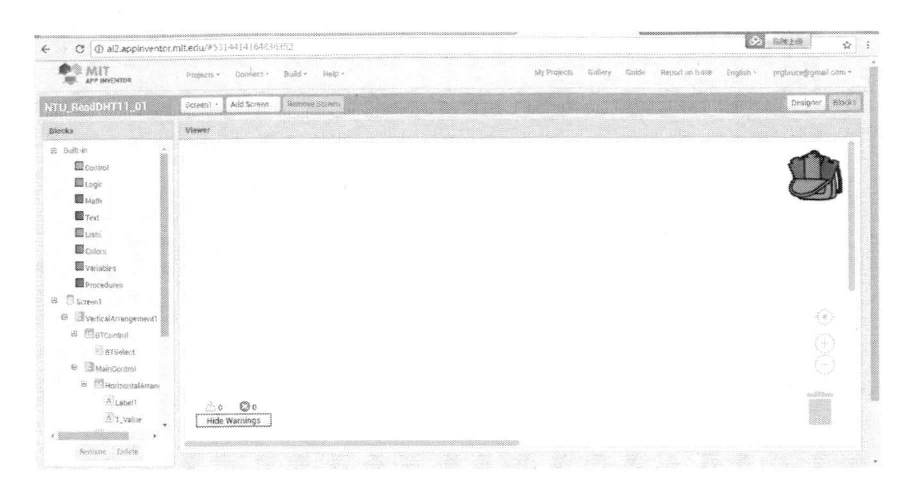

圖 150 程式設計模式主畫面

控制程式開發-系統初始化

如下圖所示，我們在 App Inventor 2 的程式編輯區，建立系統初始化 initialize 函數區塊。

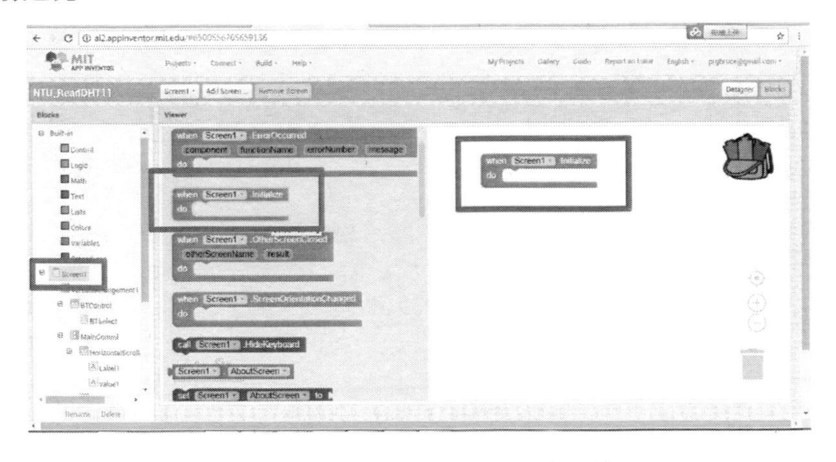

圖 151 拉出 initialize 函數區塊

如下圖所示，我們在 App Inventor 2 的程式編輯區，建立打開藍芽控制介面的程式。

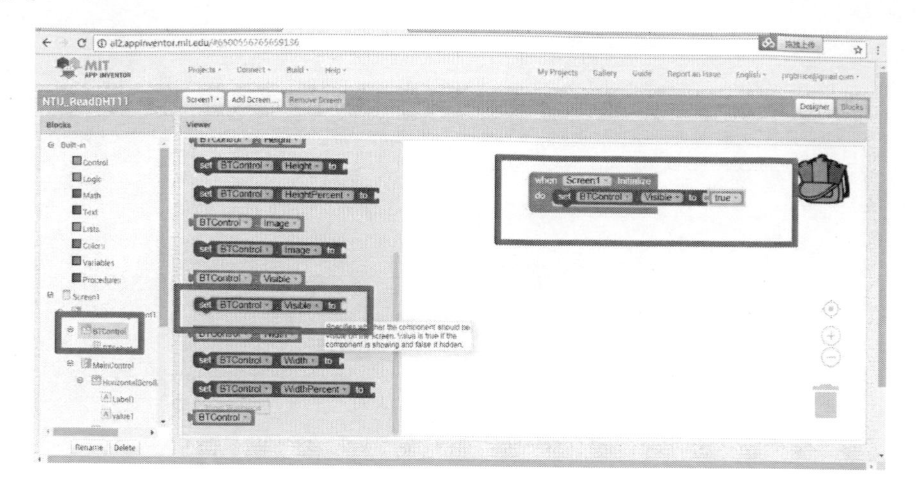

圖 152 初始化-打開藍芽控制介面

如下圖所示，我們在 App Inventor 2 的程式編輯區，建立關閉主控區控制介面的程式。

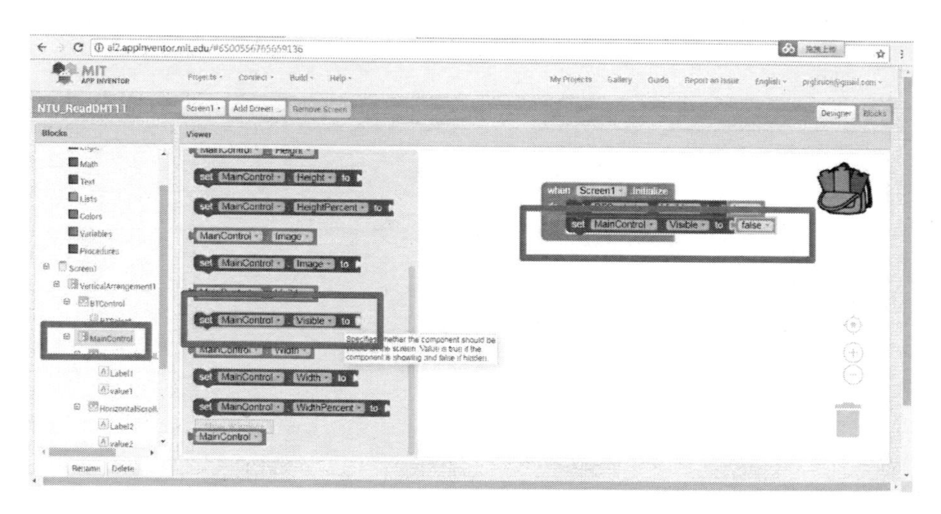

圖 153 初始化-關閉主控區控制介面

如下圖所示，我們在 App Inventor 2 的程式編輯區，建立關閉監聽 Clock(TT) 元件控制的程式。

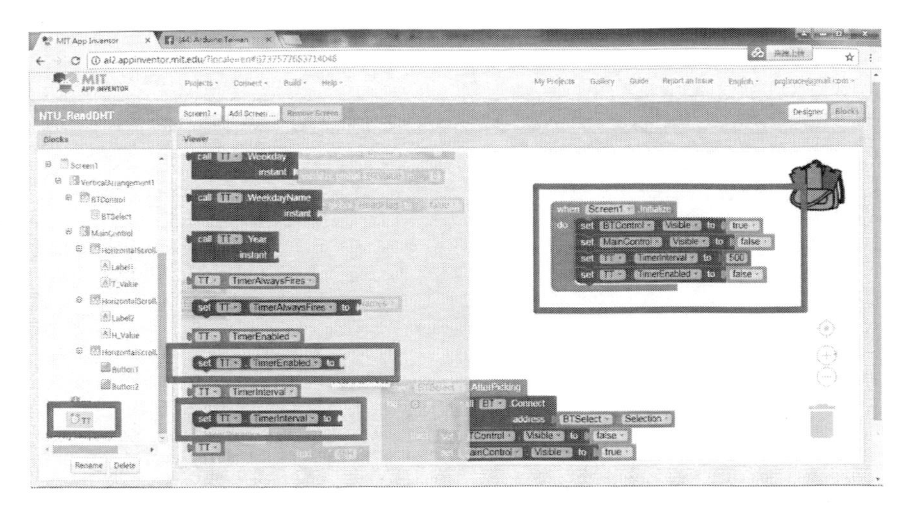

圖 154 初始化-關閉時鐘元件

控制程式開發-初始化變數

如下圖所示，我們在 App Inventor 2 的程式編輯區，建立初始化變數。

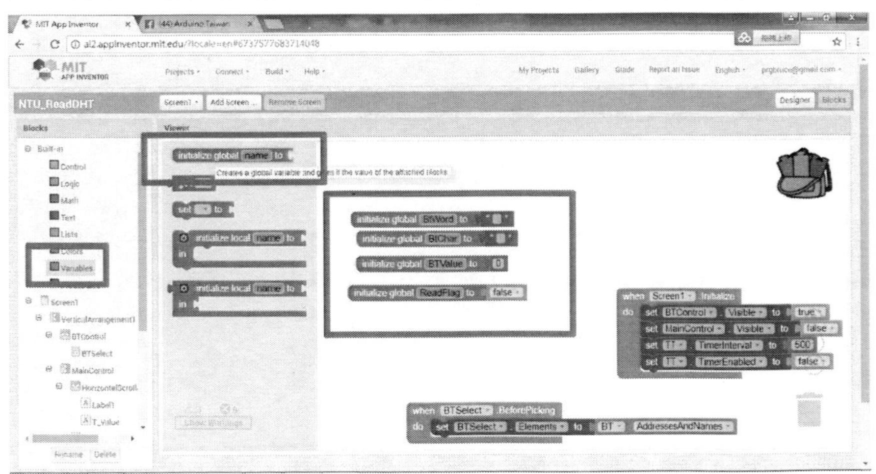

圖 155 建立初始化變數

控制程式開發-使用者函式設計

使用者函式設計

如下圖所示，我們在 App Inventor 2 的程式編輯區，建立 RequestHumidity 函式。

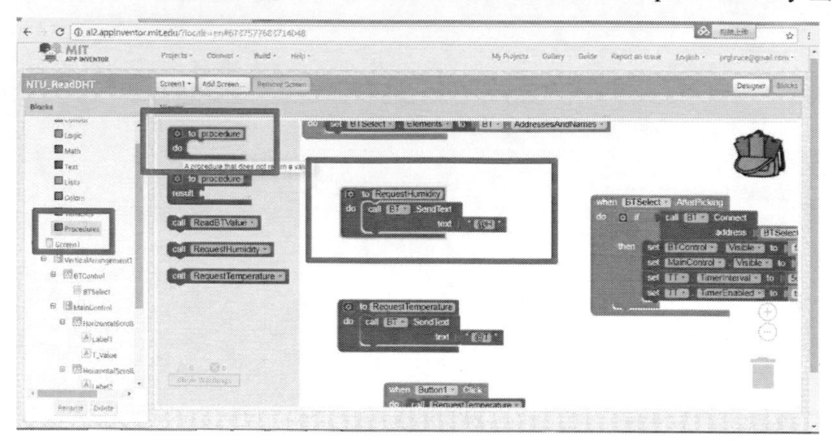

圖 156 建立 RequestHumidity 函式

如下圖所示，我們在 App Inventor 2 的程式編輯區，建立 RequestTemperature 函式。

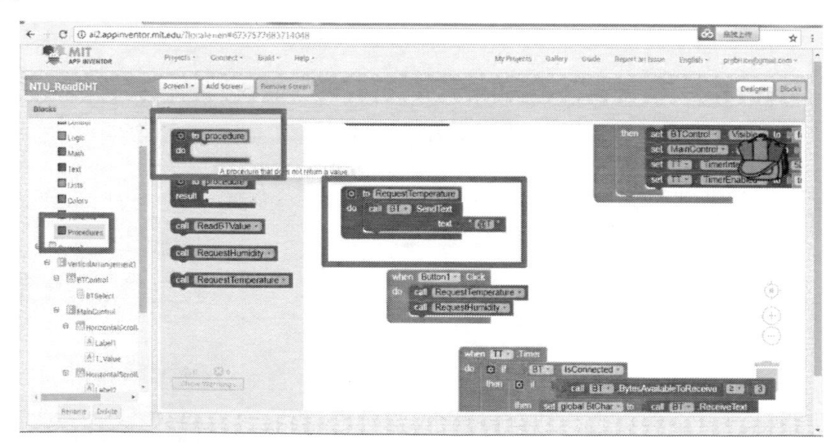

圖 157 建立 RequestTemperature 函式

控制程式開發-藍芽控制

藍芽設計

首先，在點選藍芽裝置『BTSelect :ListPicker1』下，如下圖所示，我們拉 BTSelect.BeforePicking 程式區塊。

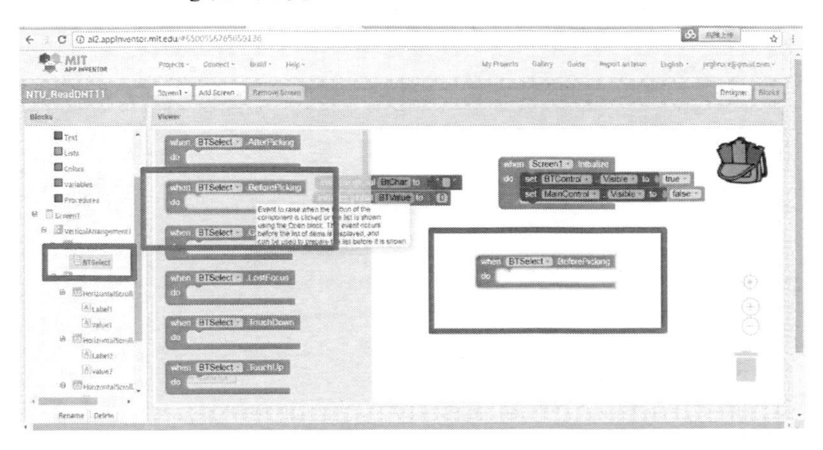

圖 158 拉 BTSelect.BeforePicking 程式區塊

首先，在點選藍芽裝置『BTSelect』下，如下圖所示，我們在拉 BTSelect.BeforePicking 程式區塊內建立 BTSelect.ElementFromString 敘述。

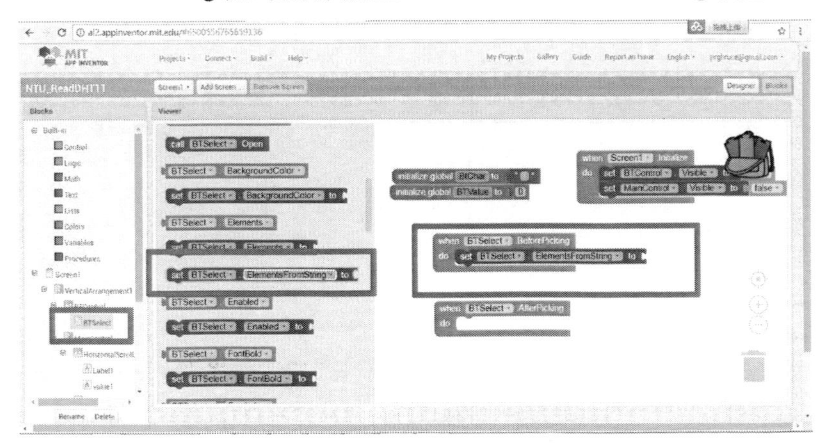

圖 159 拉出填入藍芽資料之變數

首先，在點選藍芽裝置『BT』下，如下圖所示，我們在 BT.AddressAndName 元件，拉入 BTSelect.ElementFromString 元件之後之敘述。

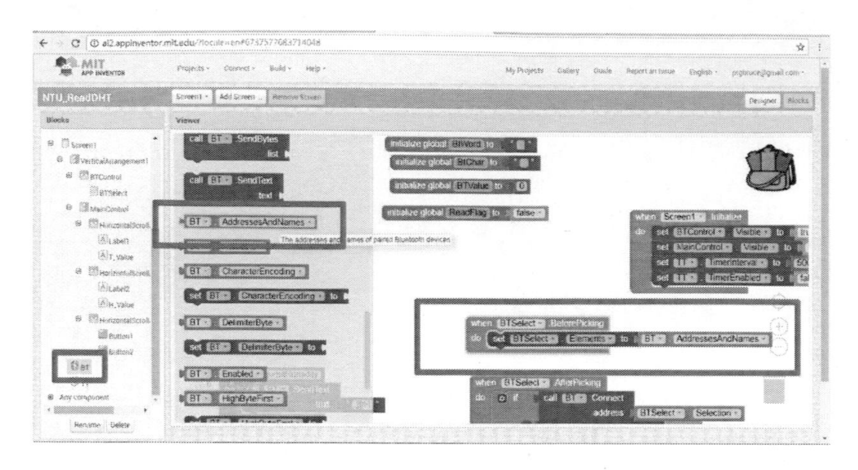

圖 160 拉出填入藍芽元件取出之藍芽裝置

首先，在點選藍芽裝置『BTSelect』下，撰寫『判斷選到藍芽裝置後連接選取藍芽裝置』，如下圖所示，我們在 BTSelect.AfterPicking 建立下列敘述。

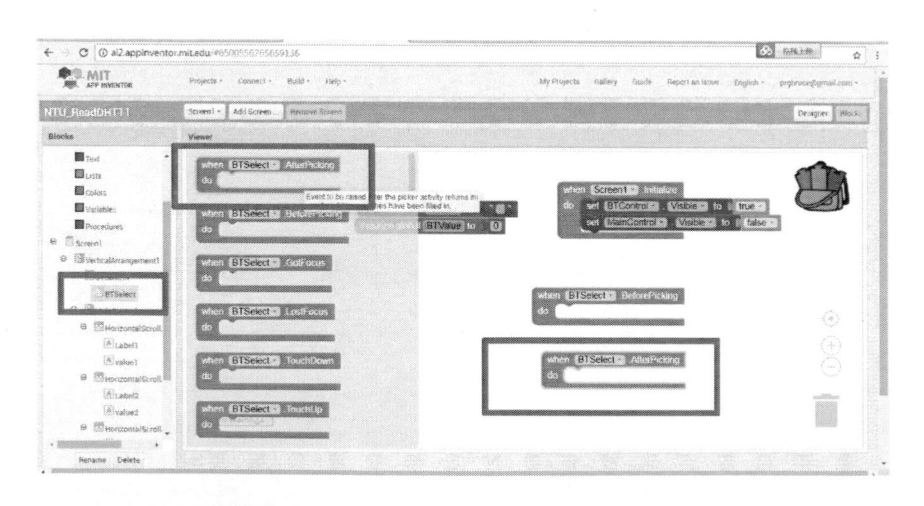

圖 161 判斷選到藍芽裝置後連接選取藍芽裝置

首先，在點選藍芽裝置『BTSelect :ListPicker』下，撰寫『判斷選到藍芽裝置後連接選取藍芽裝置』，如下圖所示，我們在 BTSelect.AfterPicking 建立 if 判斷的元件。

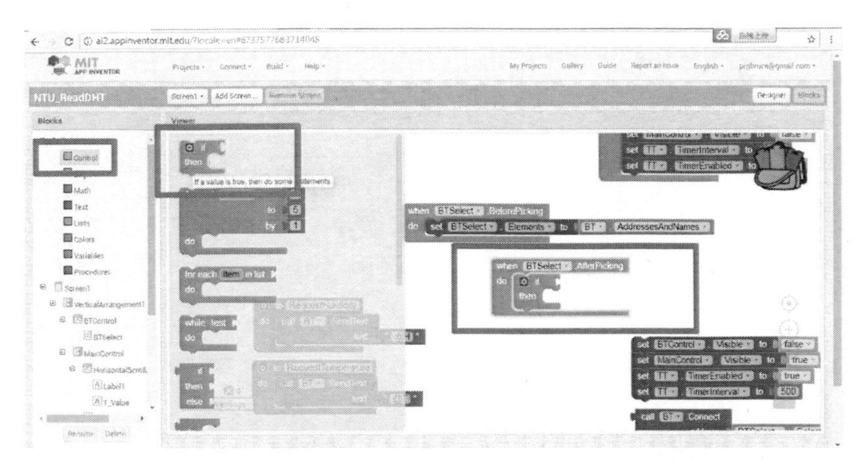

圖 162 加入 BTSelect.AfterPicking 判斷式

首先，在點選藍芽裝置『BTSelect :ListPicker』下，撰寫『判斷選到藍芽裝置後連接選取藍芽裝置』，如下圖所示，我們在 BTSelect.AfterPicking 建立 Call(BT).connect 元件。

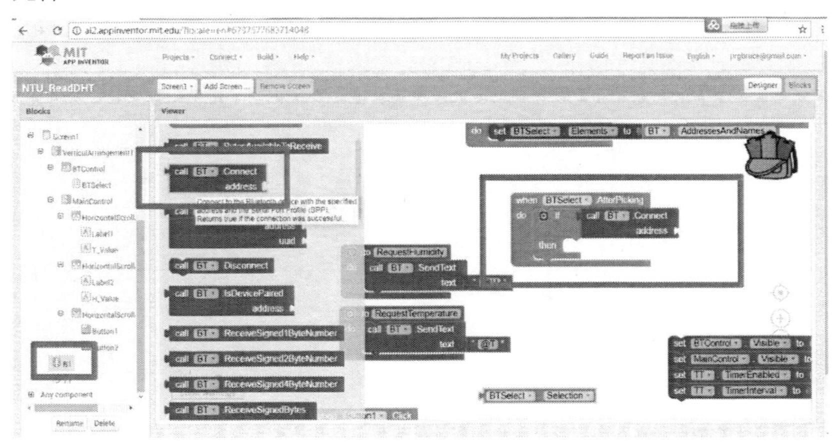

圖 163 判斷是否連接藍芽

首先，在點選藍芽裝置『BTSelect :ListPicker』下，撰寫『判斷選到藍芽裝置後連接選取藍芽裝置』，如下圖所示，我們在 BTSelect.AfterPicking 建立下列敘述：在

Call(BT).connect 元件後面接上 BTSelect.Selection 元件。

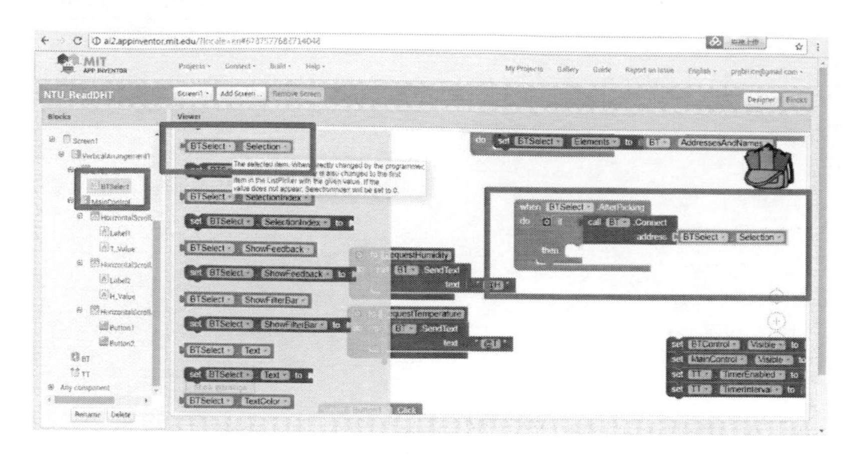

圖 164 判斷是否連接藍芽裝置到所選到的藍芽設備

首先，在點選藍芽裝置『BTSelect:ListPicker』下，再判斷選到藍芽裝置後』，如下圖所示，我們在 BTSelect.AfterPicking 建立下列敘述：將 BTSelect 關閉，MainControl 打開。

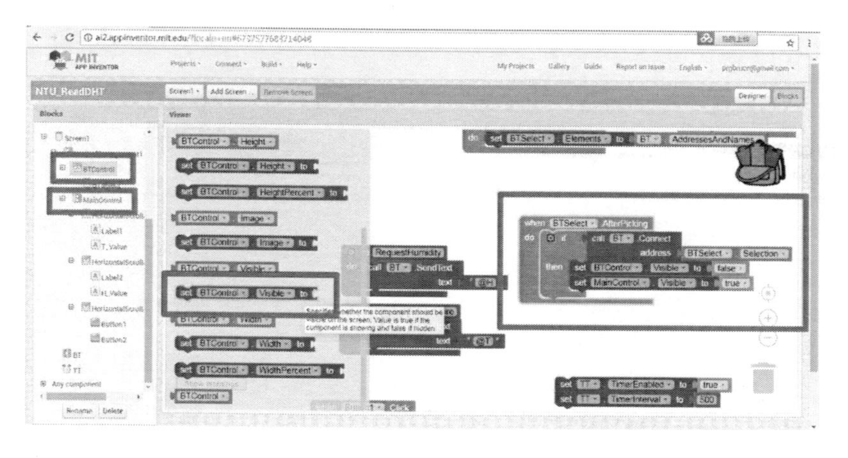

圖 165 加入開啟顯示介面

首先，在點選藍芽裝置『BTSelect:ListPicker』下，再判斷選到藍芽裝置後』，如下圖所示，我們在 BTSelect.AfterPicking 建立下列敘述：將監聽元件 TT:Clock 元件打開。

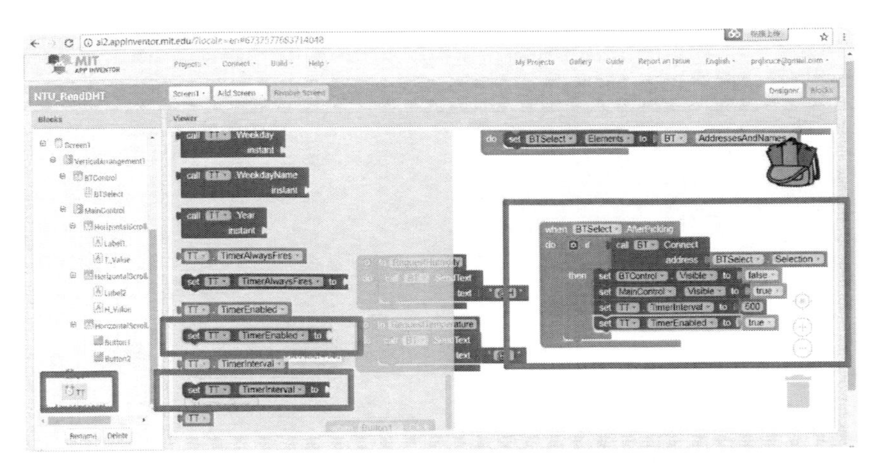

圖 166 開啟時鐘元件 TT 的功能

控制程式開發-讀取溫溼度資料

作者寫過『【家居物聯網】使用智慧行動裝置監控家居溫溼度（中篇）』(曹永忠, 許智誠, et al., 2017g)文章中，曾介紹如何將溫溼度資訊進行編碼，再透過藍芽通訊方式，將資訊傳送到連接藍芽模組的另一端裝置。

作者也寫過『【家居物聯網】使用智慧行動裝置監控家居溫溼度（下篇之藍芽開發篇）』(曹永忠, 許智誠, et al., 2017f, 2017g)文章中，藍芽通訊功能的程式，這些都可以讓讀者先行閱讀，可更加了解其通訊原理。

其實，我們使用單純的命令編碼，並透過這樣的命令碼進行溫溼度資料傳送：

- 定義傳輸溫度使用『@T』代表要求傳輸溫度
- 定義傳輸濕度使用『@H』代表要求傳輸濕度

一一傳出到藍芽裝置，等待 Ameba RTL8195AM 開發板端回應後，將溫濕度感測模組所讀到的溫溼度資料回傳就可以了。

按下按鈕讀取溫溼度資料

如下圖所示，當按下 Button1.Click 事件後，我們呼叫 RequestTemperaturec 函式與 RequestHumidity 函式就可以了。

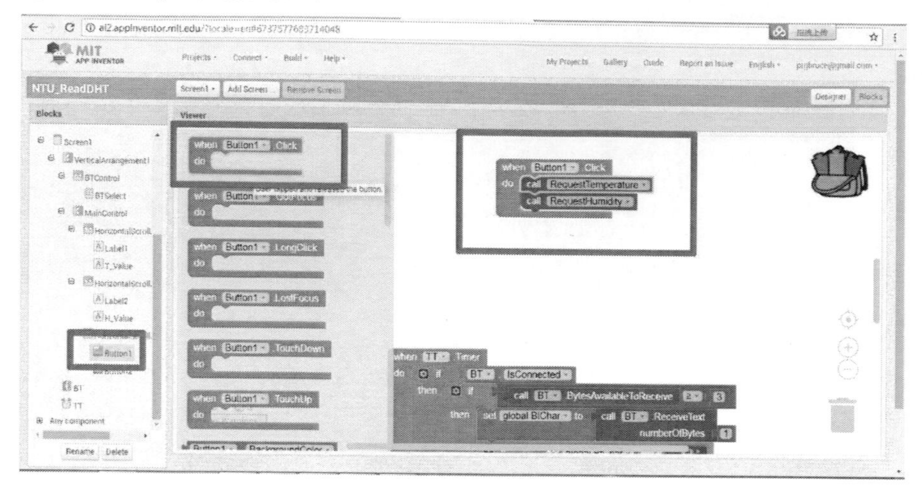

圖 167 按下按鈕讀取溫溼度資料

監聽傳送之溫溼度資料

作者寫過『【家居物聯網】使用智慧行動裝置監控家居溫溼度（中篇）』(曹永忠, 許智誠, et al., 2017g)文章中，介紹如何將溫溼度資訊進行編碼，再透過藍芽通訊方式，將資訊傳送到連接藍芽模組的另一端裝置。

其傳送方法也可參考作者寫過『【家居物聯網】使用智慧行動裝置監控家居溫溼度（下篇之藍芽開發篇）』(曹永忠, 許智誠, et al., 2017f, 2017g)文章中，如何將命令碼透過藍芽通訊方式進行傳送。

再回傳值這邊，我們使用單純的命令編碼，將溫溼度的資料，分開包裝，並加上資料標記頭與資料標記尾，隔離溫度、濕度位數傳輸遺失的問題，來透過這樣的命令碼接收溫溼度資料：

我們只要將回送溫溼度的命令碼：

- 定義傳輸溫度使用『#T 溫度內容*』代表要求回傳溫度

- 定義傳輸濕度使用『#H 濕度內容*』代表要求回傳濕度

一一傳出到藍芽裝置，等待 Ameba RTL8195AM 開發板端回應後，將溫濕度感測模組所讀到的溫溼度資料回傳資料進行解譯就可以了。

如下圖所示，我們在監聽元件 TT(Clock 元件)攥寫下列的控制程式。

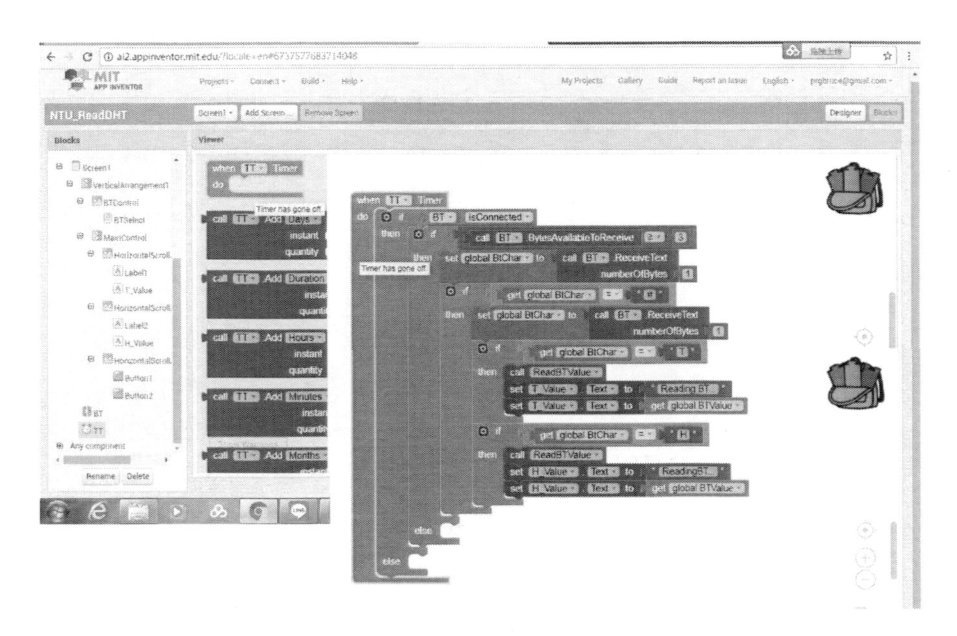

圖 168 監聽傳送之溫溼度資料

解譯溫溼度資料之數值

由於我們只要將回送溫溼度的命令碼：

- 定義傳輸溫度使用『#T 溫度內容*』代表要求回傳溫度
- 定義傳輸濕度使用『#H 濕度內容*』代表要求回傳濕度

之前已解譯#T 與#H，我們攥寫 ReadBTValue 函式來解譯『#T **溫度內容***』、『#H **濕度內容***』之溫溼度內容的數值資料。

如下圖所示，我們攥寫 ReadBTValue 函式控制程式。

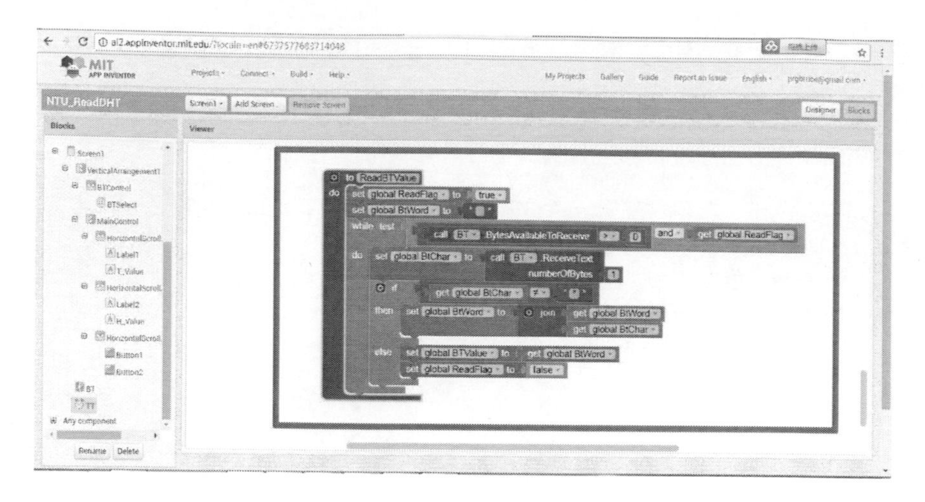

圖 169 解譯溫溼度資料之數值

到此，我們已完成整個手機 APPs 應用程式的開發，接下來我們就要進行測試。

系統測試-啟動 AICompanion

手機測試

首先，如下圖所示，我們在 App Inventor 2 程式模塊編輯畫面之中，在『Connect』的選單下，選取 AI 2 Companion(曹永忠, 吳佳駿, et al., 2017c, 2017d; 曹永忠 et al., 2014a, 2014b; 曹永忠, 許智誠, et al., 2017d, 2017f, 2017g)。

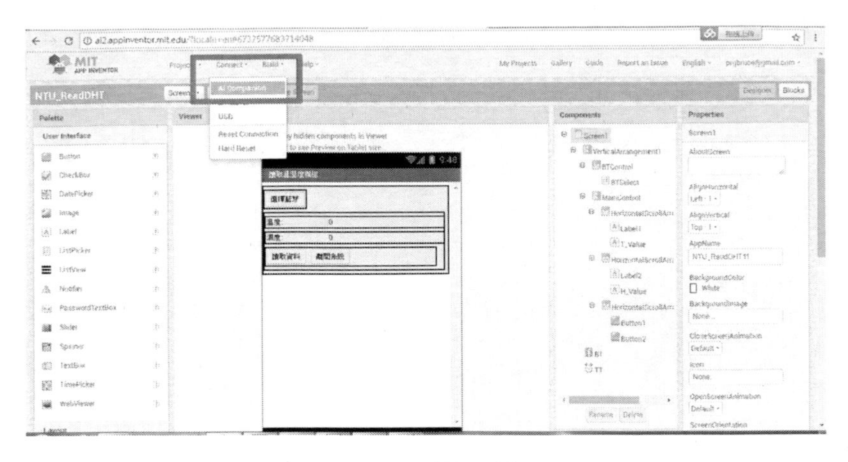

圖 170 啟動手機測試功能

掃描 QR Code

如下圖所示，系統會出現一個 QR Code 的畫面。

圖 171 手機 QRCODE

如下圖所示，我們在使用 Android 的手機、平板，執行已安裝好的『MIT App Inventor 2 Companion』，點選之後進入如下圖。

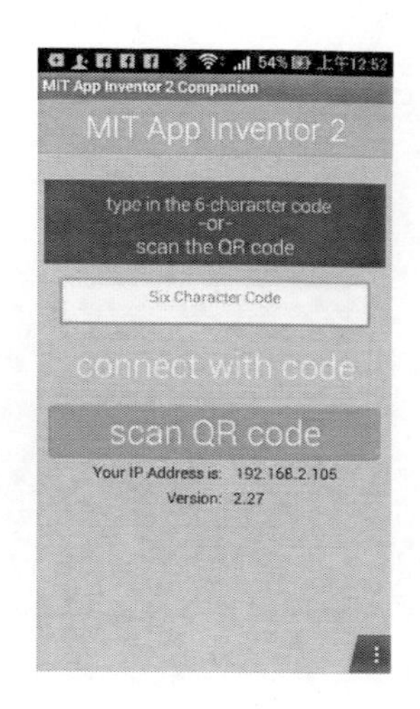

圖 172 啟動 MIT_AI2_Companion

如下圖所示，我們在選擇『scan QR code，點選之後進入如下圖。

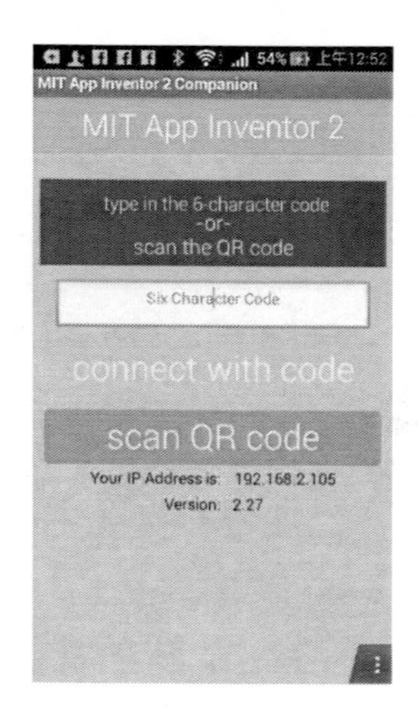

圖 173 掃描 QRCode

如下圖所示，手機會啟動掃描 QR code 的程式功能，這時後只要將手機、平板的 Camera 鏡頭描準畫面的 QR Code 就可以了。

圖 174 掃描 QRCodeing

如下圖所示，如果手機會啟動掃描 QR code 成功的話，系統會回傳 QR Code 碼到如下圖所示的紅框之中。

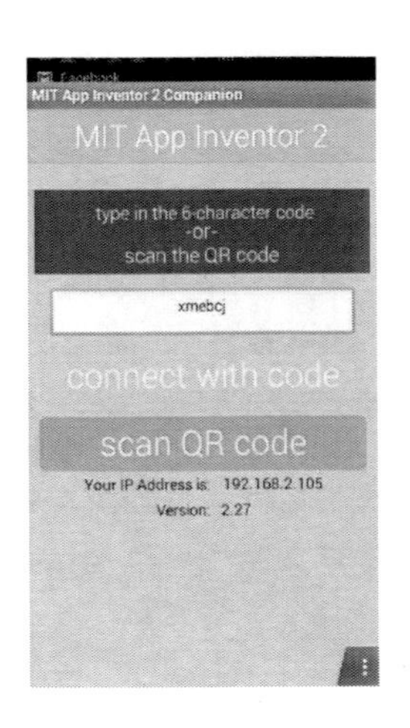

圖 175 取得 QR 程式碼

如下圖所示，我們點選如下圖所示的紅框之中的『connect with code』，就可以進入測試程式區。

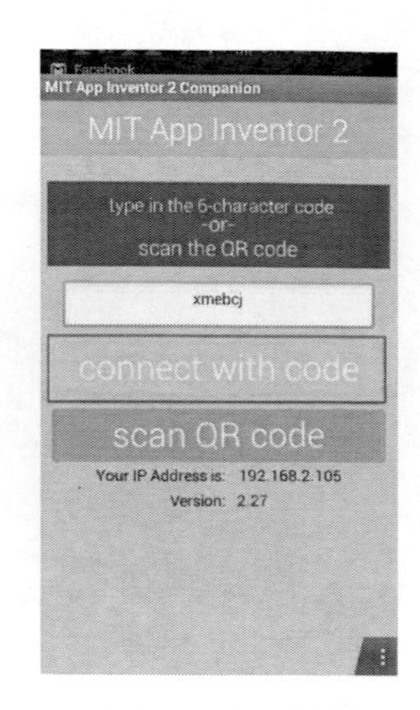

圖 176 執行程式

系統測試-進入系統

如下圖所示，如果程式沒有問題，我們就可以成功進入測試程式的主畫面。

圖 177 執行程式主畫面

選擇通訊藍芽裝置

如下圖所示，我們先選擇『選擇藍芽』按鈕來選擇藍芽裝置。

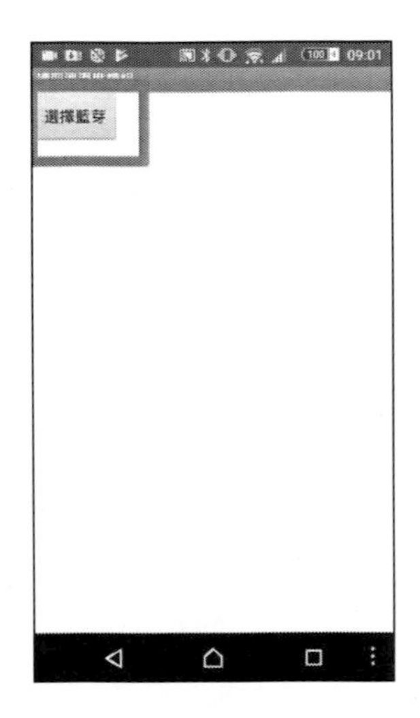

圖 178 選藍芽裝置

如下圖所示，會出現手機、平板中已經配對好的藍芽裝置。

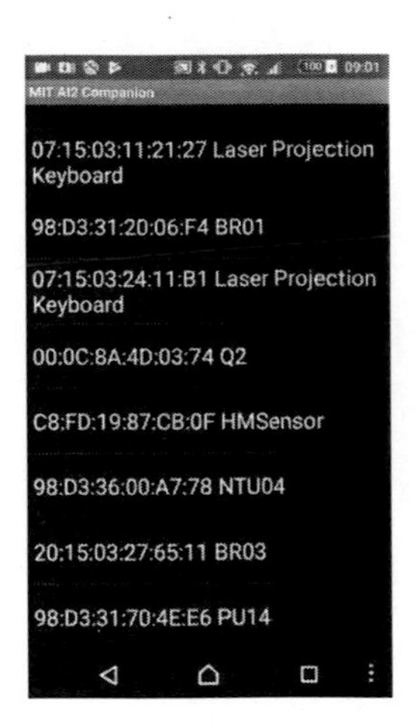

圖 179 顯示藍芽裝置

如下圖所示，我們可以選擇 Ameba RTL8195AM 開發板端所連接的藍芽裝置名稱，本文為『BR03』，請讀者注意，要依據讀者自己的環境所使用的藍芽裝置名稱，不可以用本文的藍芽裝置名稱，請讀者注意。

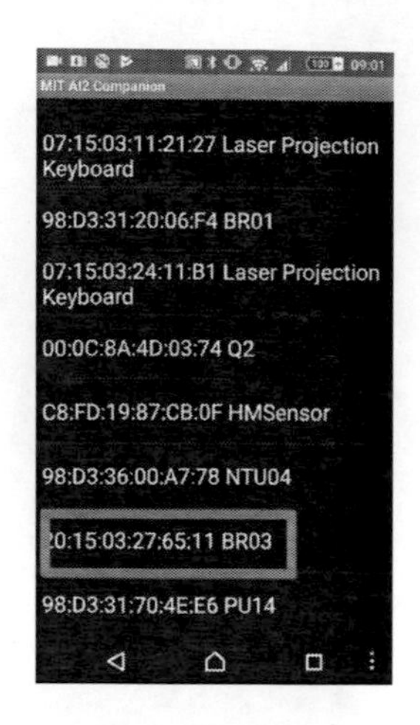

圖 180 選取藍芽裝置

系統測試

如下圖所示，如果藍芽配對成功，可以正確連接您選擇的藍芽裝置，則會進入控制溫濕度感測應用程式的主畫面。

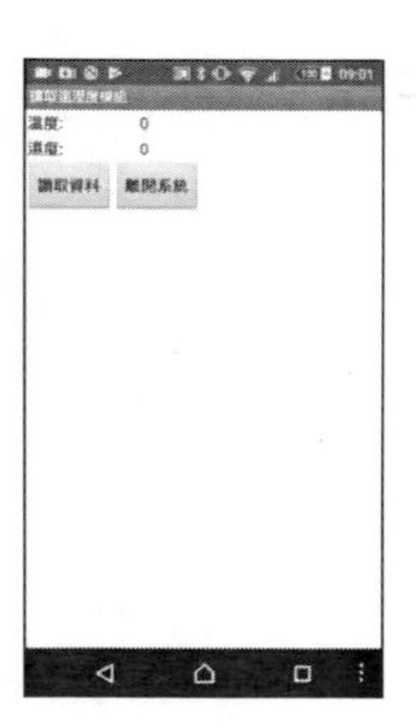

圖 181 溫濕度感測應用程式系統主畫面

如下圖所示，我們進行讀取溫溼度資料，看看系統回應如何，所以請讀者按下

『讀取資料』的按鈕。

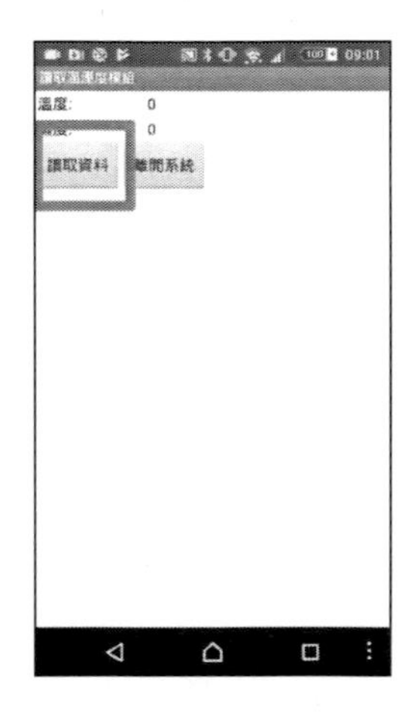

圖 182 讀取資料

如下圖所示，我們可以看到 Ameba RTL8195AM 開發板端收到讀取溫溼度資料模組的命令之後，進行讀取溫溼度資料後，並透過藍芽裝置，回傳溫溼度資料，手機端應用程式在收到資料進行解譯後，我們在下圖可以看到正確的溫溼度資料。

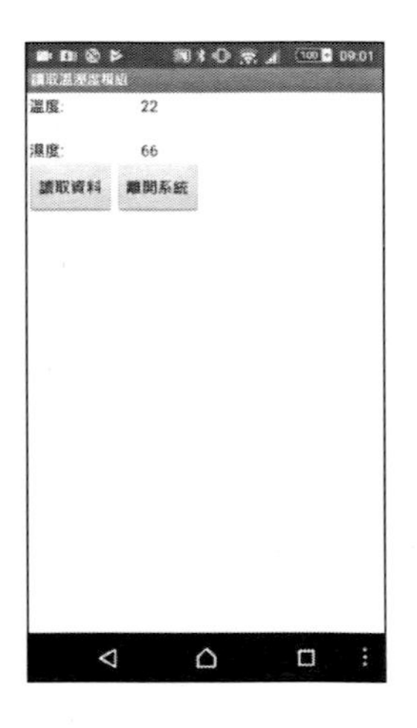

圖 183 回應讀取溫溼度資料

結束系統測試

如下圖所示，如果我們要離開系統，按下下圖所示之『離開系統』之按鈕，便可以離開系統。

圖 184 按下離開按鈕

章節小結

本章主要介紹在家居物聯網開發中，我們使用 App Inventor 2 開發行動裝置端，來讀取每一個感測裝置(本文用 Ameba RTL 8195 AM 開發板來讀取溫溼度為例)，讀者可以透過本書，了解如何設計家居物聯網各種感測裝置的開發，並使用行動裝置來輕鬆了解家居中各種感測裝置的回報資訊。

本書總結

筆者對於 Ameba RTL8195AM 相關的書籍，也出版許多書籍，感謝許多有心的讀者提供筆者許多寶貴的意見與建議，筆者群不勝感激，許多讀者希望筆者可以推出更多的入門書籍給更多想要進入『Ameba RTL8195AM』、『物聯網』、『Maker』這個未來大趨勢，所有才有這個入門系列的產生。

本系列叢書的特色是一步一步教導大家使用更基礎的東西，來累積各位的基礎能力，讓大家能在物聯網時代潮流中，可以拔的頭籌，所以本系列是一個永不結束的系列，只要更多的東西被製造出來，相信筆者會更衷心的希望與各位永遠在這條物聯網時代潮流中與大家同行。

附錄

Ameba RTL8195AM 腳位圖

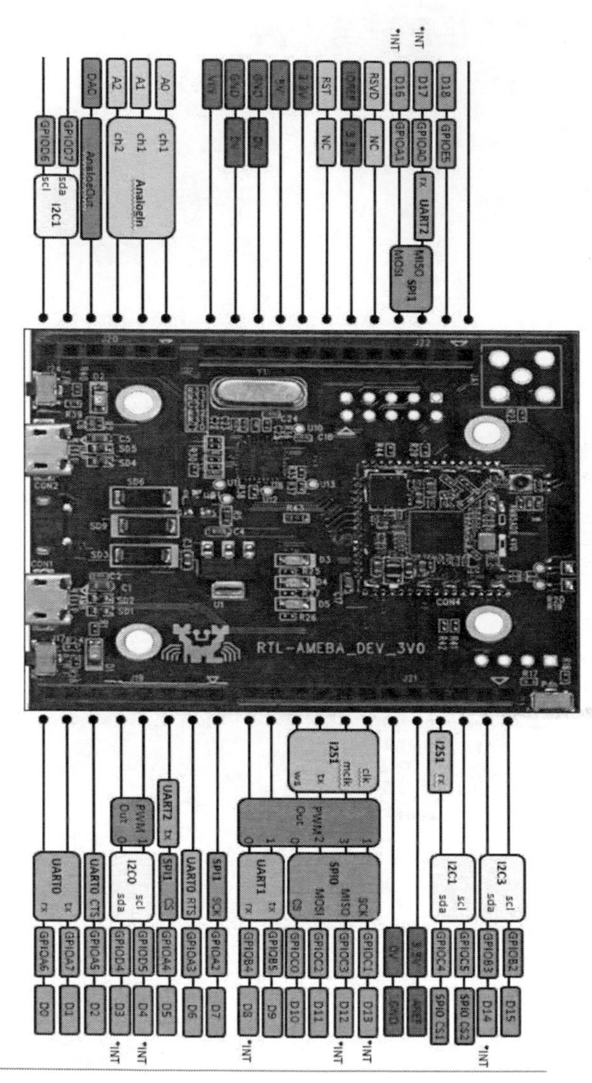

資料來源：Ameba RTL8195AM 官網：http://www.amebaiot.com/boards/

Ameba RTL8195AM 更新韌體按鈕圖

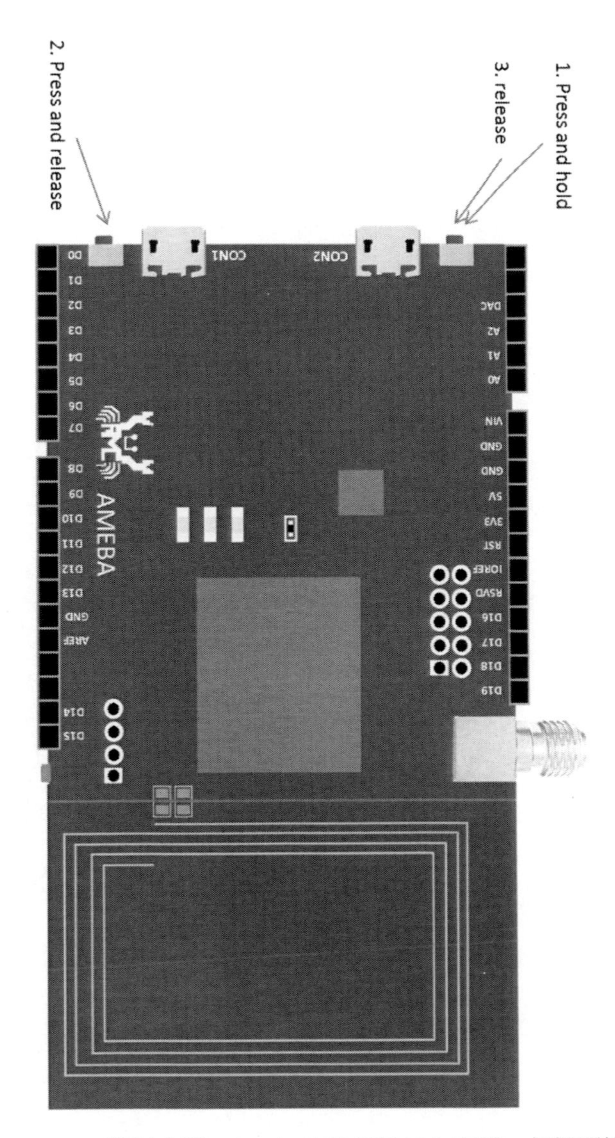

資料來源：Ameba RTL8195AM 官網：如何更換 DAP Firmware?(http://www.amebaiot.com/change-dap-firmware/)

Ameba RTL8195AM 更換 DAP Firmware?

請參考如下操作

1. 按住 CON2 旁邊的按鈕不放

2. 按一下 CON1 旁邊的按鈕

3. 放開在第一步按住的按鈕

4.

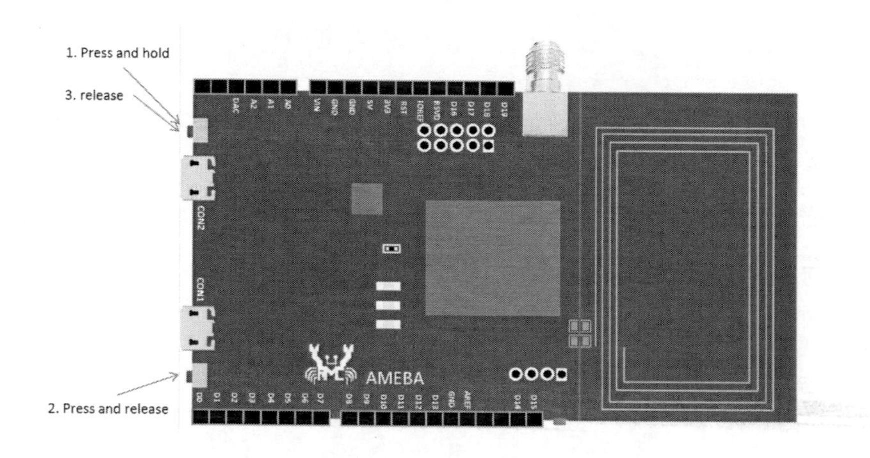

此時會出現一個磁碟槽，上面的標籤為 "CRP DISABLED"

打開這個磁碟，裡面有個檔案 “firmware.bin”，它是目前這片 Ameba RTL8195AM 使用的 DAP firmware

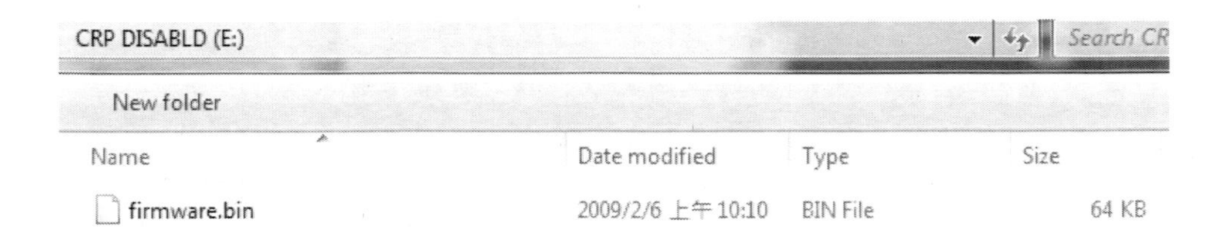

要更換 firmware，可以先將這個 firmware.bin 備份起來，然後刪掉，再將新的 DAP firmware 用檔案複製的方式放進去

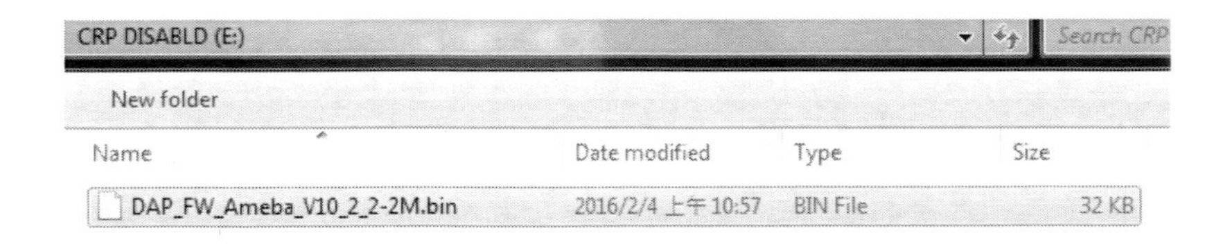

最後將 USB 重新插拔，新的 firmware 就生效了。

資料來源：Ameba RTL8195AM 官網：如何更換 DAP Firmware?(http://www.amebaiot.com/change-dap-firmware/)

Ameba RTL8195AM 安裝驅動程式

請參考如下操作安裝開發環境：

步驟一：安裝驅動程式(Driver)

首先將 Micro USB 接上 Ameba RTL8195AM，另一端接上電腦:

第一次接上 Ameba RTL8195AM 需要安裝 USB 驅動程式，Ameba RTL8195AM 使用標準的 ARM MBED CMSIS DAP driver，你可以在這個地方找到安裝檔及相關說明:

https://developer.mbed.org/handbook/Windows-serial-configuration

在 "Download latest driver" 下載 “mbedWinSerial_16466.exe” 並安裝之後，會在裝置管理員看到 mbed serial port:

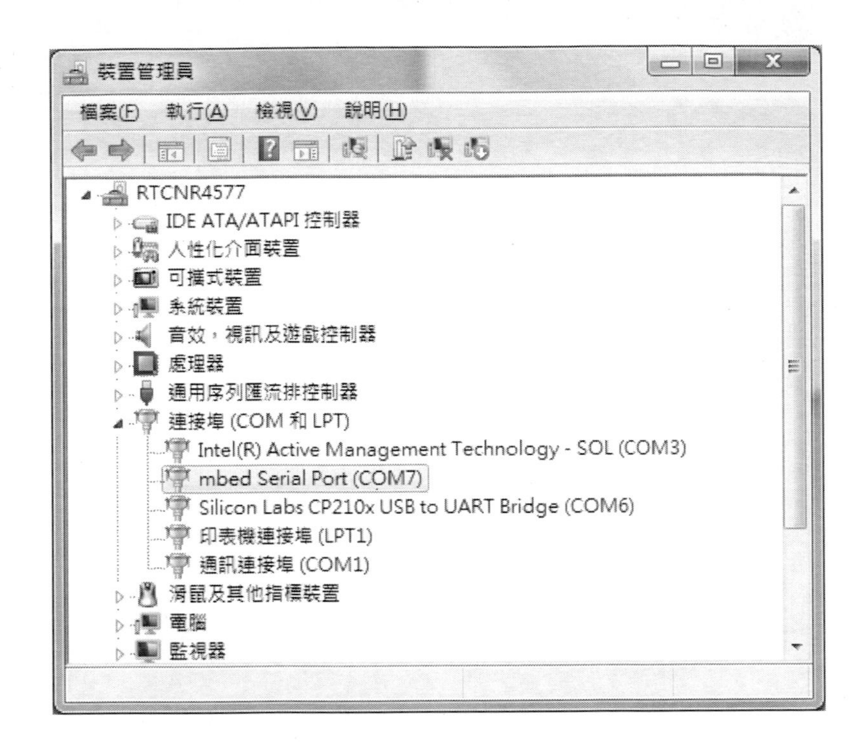

步驟二：安裝 Arduino IDE 開發環境

Arduino IDE 在 1.6.5 版之後，支援第三方的硬體，因此我們可以在 Arduino IDE 上開發 Ameba RTL8195AM，並共享 Arduino 上面的範例程式。在 Arduino 官方網站上可以找到下載程式：

https://www.arduino.cc/en/Main/Software

安裝完之後，打開 Arduino IDE，為了讓 Arduino IDE 找到 Ameba 的設定檔，先到 “File” -> “Preferences”

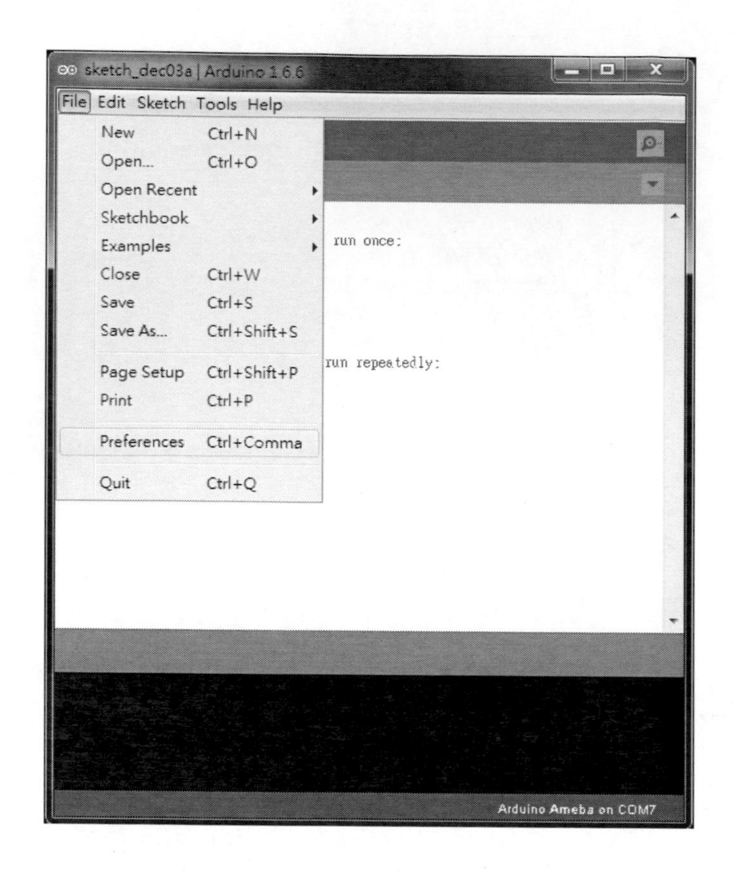

然後在 Additional Boards Manager URLs: 填入：

https://github.com/Ameba8195/Arduino/raw/master/release/package_realtek.com_ameba_index.json

Arduino IDE 1.6.7 以前的版本在中文環境下會有問題，若您使用 1.6.7 前的版本請將“編輯器語言”從“中文(台灣)”改成 English。在 Arduino IDE 1.6.7 版後語系的問題已解決。

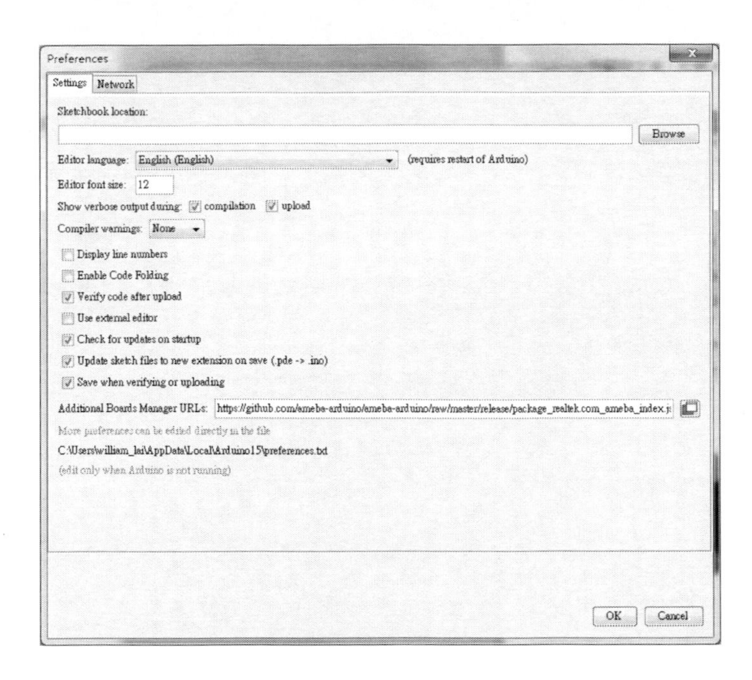

填完之後按 OK，然後因為改編輯器語言的關係，我們將 Arduino IDE 關掉之後重開。

接著準備選板子，到 “Tools” -> “Board” -> “Boards Manager”

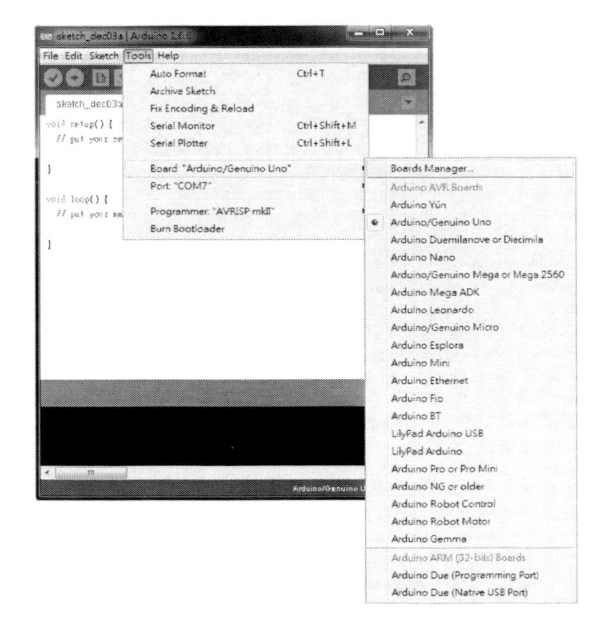

在 “Boards Manager” 裡，它需要約十幾秒鐘整理所有硬體檔案，如果網路狀況不好可能會等上數分鐘。每當有新的硬體設定，我們需要重開 “Boards Manager”，所以我們等一會兒之後，關掉 “Boards Manager”，然後再打開它，將捲軸往下拉找到 “Realtek Ameba RTL8195AM Boards”，點右邊的 Install，這時候 Arduino IDE 就根據 Ameba 的設定檔開始下載 Ameba RTL8195AM 所需要的檔案：

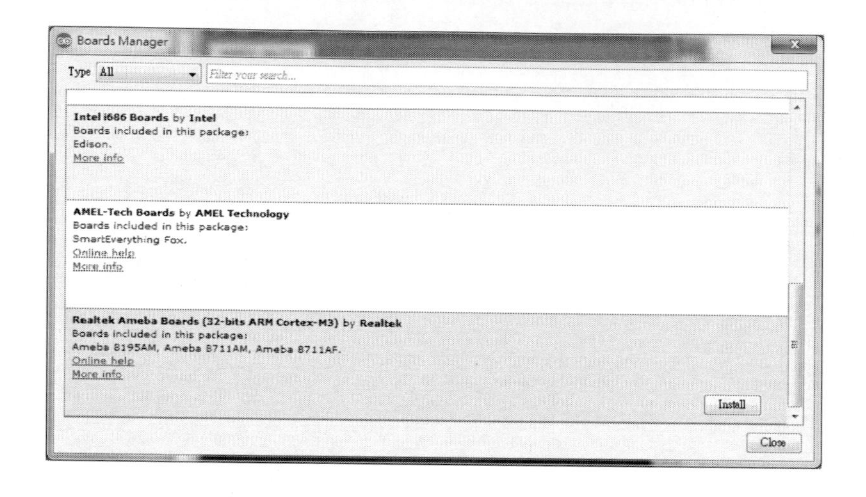

接著將板子選成 Ameba RTL8195AM，選取 “tools” -> “Board” -> “Arduino Ameba”：

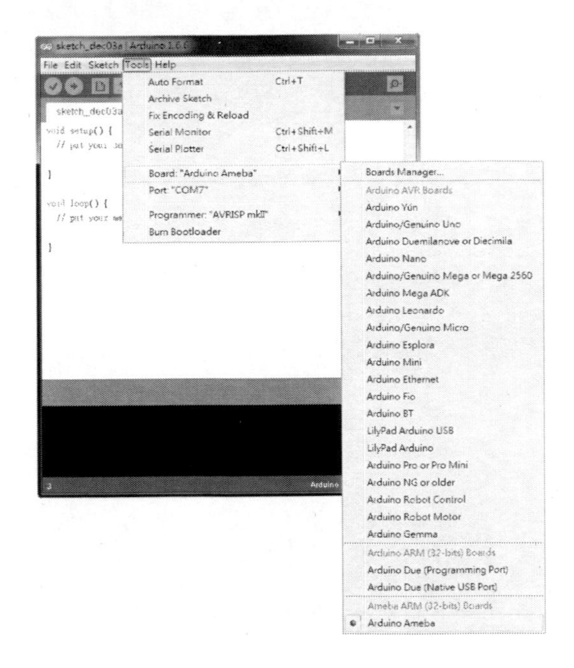

這樣開發環境就設定完成了。

資料來源：Ameba RTL8195AM 官網：Ameba Arduino: Getting Started With RTL8195(http://www.amebaiot.com/ameba-arduino-getting-started/)

Ameba RTL8195AM 使用多組 UART

Ameba 在開發板上支援的 UART 共 2 組（不包括 Log UART），使用者可以自行選擇要使用的 Pin，請參考下圖。（圖中的序號為 UART 硬體編號）

在 1.0.6 版之後可以同時設定兩組同時收送，在 1.0.5 版之前因為參考 Arduino 的設計，兩組同時間只能有一組收送。

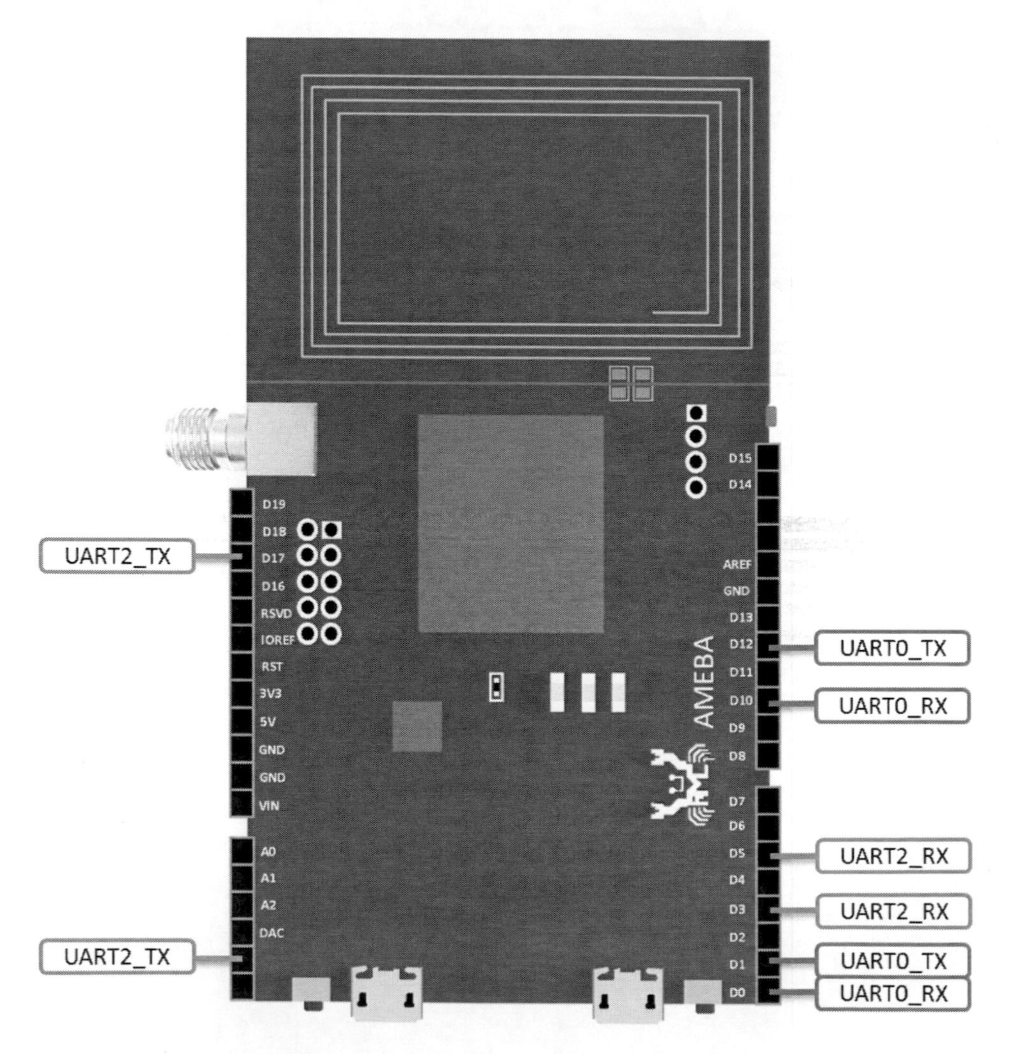

參考程式碼:

```
SoftwareSerial myFirstSerial(0, 1); // RX, TX, using UART0

SoftwareSerial mySecondSerial(3, 17); // RX, TX, using UART2

void setup() {

    myFirstSerial.begin(38400);

    myFirstSerial.println("I am first uart.");

    mySecondSerial.begin(57600);

    myFirstSerial.println("I am second uart.");

    }
```

資料來源：Ameba RTL8195AM 官網：如何使用多組 UART?

(http://www.amebaiot.com/use-multiple-uart/)

Ameba RTL8195AM 使用多組 I2C

Ameba 在開發板上支援 3 組 I2C，佔用的 pin 如下圖所示：

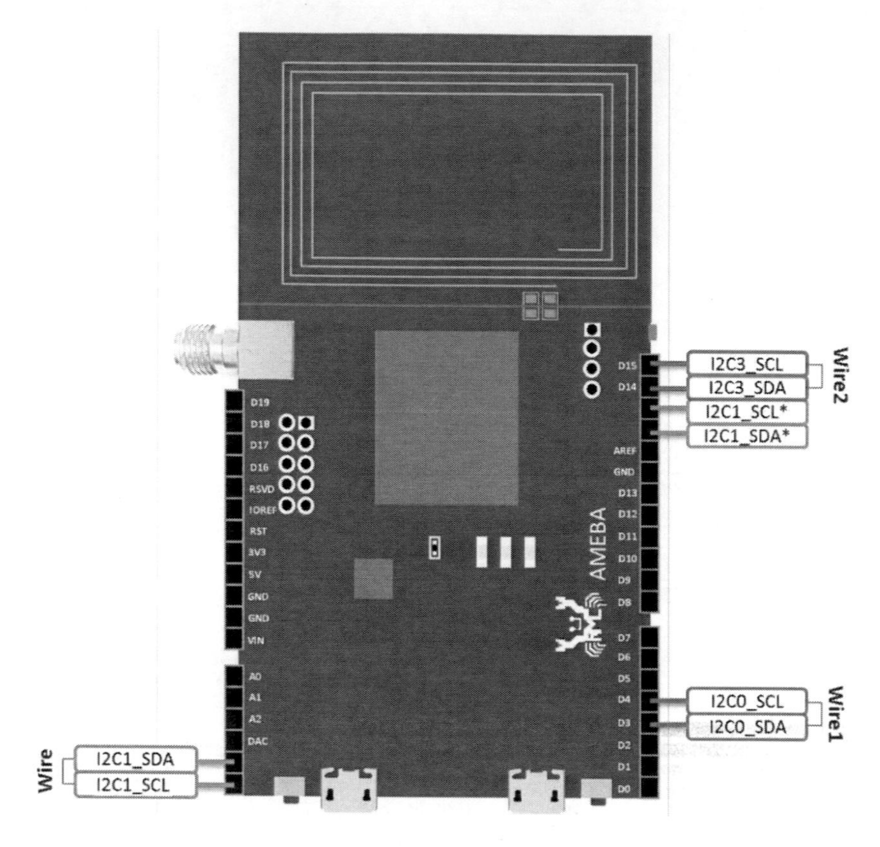

在 1.0.6 版本之後可以使用多組 I2C，請先將 Wire.h 底下定義成需要的數量:

#define WIRE_COUNT 1

接著就可以使用多組 I2C:

```
void setup() {

    Wire.begin();

    Wire1.begin();

    Wire.requestFrom(8, 6);       // request 6 bytes from slave device #8

    Wire1.requestFrom(4, 6);       // request 6 bytes from slave device #4

  }
```

資料來源：Ameba RTL8195AM 官網：如何使用多組 I2C?

(http://www.amebaiot.com/use-multiple-i2c/)

參考文獻

曹永忠. (2016). 智慧家庭：PM2.5 空氣感測器（感測器篇）. *智慧家庭*. Retrieved 2016/2/26, from https://vmaker.tw/archives/3812

曹永忠. (2017a). 如何使用 Linkit 7697 建立智慧溫度監控平台（上）. Retrieved 2017/7/3, from http://makerpro.cc/2017/07/make-a-smart-temperature-monitor-platform-by-linkit7697-part-one/

曹永忠. (2017b). 如何使用 LinkIt 7697 建立智慧溫度監控平台（下）. Retrieved 2017/8/2, from http://makerpro.cc/2017/08/make-a-smart-temperature-monitor-platform-by-linkit7697-part-two/

曹永忠, 吳佳駿, 許智誠, & 蔡英德. (2016a). *Ameba 气氛灯程序开发(智能家庭篇):Using Ameba to Develop a Hue Light Bulb (Smart Home)* (初版 ed.). 台湾、彰化: 渥瑪數位有限公司.

曹永忠, 吳佳駿, 許智誠, & 蔡英德. (2016b). *Ameba 氣氛燈程式開發(智慧家庭篇):Using Ameba to Develop a Hue Light Bulb (Smart Home)* (初版 ed.). 台湾、彰化: 渥瑪數位有限公司.

曹永忠, 吳佳駿, 許智誠, & 蔡英德. (2017a). *Ameba 程式設計(物聯網基礎篇):An Introduction to Internet of Thing by Using Ameba RTL8195AM* (初版 ed.). 台湾、彰化: 渥瑪數位有限公司.

曹永忠, 吳佳駿, 許智誠, & 蔡英德. (2017b). *Ameba 程序设计(物联网基础篇):An Introduction to Internet of Thing by Using Ameba RTL8195AM* (初版 ed.). 台湾、彰化: 渥瑪數位有限公司.

曹永忠, 吳佳駿, 許智誠, & 蔡英德. (2017c). *藍芽氣氛燈程式開發(智慧家庭篇) (Using Nano to Develop a Bluetooth-Control Hue Light Bulb (Smart Home Series))* (初版 ed.). 台湾、彰化: 渥瑪數位有限公司.

曹永忠, 吳佳駿, 許智誠, & 蔡英德. (2017d). *蓝芽气氛灯程序开发(智能家庭篇) (Using Nano to Develop a Bluetooth-Control Hue Light Bulb (Smart Home Series))* (初版 ed.). 台湾、彰化: 渥瑪數位有限公司.

曹永忠, 許智誠, & 蔡英德. (2014a). *Arduino 互動跳舞兔設計: The Interaction Design of a Dancing Rabbit by Arduino Technology* (初版 ed.). 台灣、彰化: 渥瑪數位有限公司.

曹永忠, 許智誠, & 蔡英德. (2014b). *Arduino 手機互動跳舞機設計: The Development of an Interaction Dancing Pad with a Mobile Phone Game by Arduino Technology* (初版 ed.). 台灣、彰化: 渥瑪數位有限公司.

曹永忠, 許智誠, & 蔡英德. (2015a). *Arduino 手機互動程式設計基礎*

溫溼度裝置與行動應用開發(智慧家居篇)

A Temperature & Humidity Monitoring Device and Mobile APPs Develop-ment(Smart Home Series)

作　　者：曹永忠、許智誠、蔡英德
發 行 人：黃振庭
出 版 者：崧燁文化事業有限公司
發 行 者：崧燁文化事業有限公司

E-mail：sonbookservice@gmail.com
粉 絲 頁：https://www.facebook.com/sonbookss/
網　　址：https://sonbook.net/
地　　址：台北市中正區重慶南路一段六十一號八樓 815 室
Rm. 815, 8F., No.61, Sec. 1, Chongqing S. Rd., Zhongzheng Dist., Taipei City 100, Taiwan
電　　話：(02) 2370-3310
傳　　真：(02) 2388-1990

印　　刷：京峯彩色印刷有限公司（京峰數位）
律師顧問：廣華律師事務所 張珮琦律師

定　　價：300 元
發行日期：2022 年 03 月第一版
◎本書以 POD 印製

國家圖書館出版品預行編目資料

溫溼度裝置與行動應用開發 . 智慧家居篇 = A temperature & humidity monitoring device and mobile APPs develop-ment(smart home series) / 曹永忠, 許智誠, 蔡英德著 . -- 第一版 . -- 臺北市 : 崧燁文化事業有限公司, 2022.03
面； 公分
POD 版
ISBN 978-626-332-097-0(平裝)
1.CST: 微電腦 2.CST: 電腦程式語言
471.516 111001415

電子書購買

臉書